궁금했어,
공학기술

궁금했어,
공학기술

황진규 글 | **고고핑크** 그림

🌱 나무생각

차 례

1장

계란찜 해 줄까?
- 전자레인지

전자기파가 가져다준
편리함

"엄마 없을 때 가스레인지 켜면 안 되는 거 알지?"

어린 시절 집에 혼자 있는 저에게 엄마가 늘 했던 말이었어요. 혹여 불이라도 나서 다치거나 큰 사고가 날까 걱정해서지요. 그러던 어느 날이었어요. 단짝 친구가 집에 아무도 없다며 놀러 오라고 했어요. 우리는 신나게 게임도 하고 즐겁게 놀았죠. 그러다 보니 배가 고팠어요.

"배고픈데 먹을 거 없니?"

"그래? 계란찜이라도 해 줄까?"

친구는 아무렇지도 않게 말했지만 저는 너무 놀랐어요. 계란찜 만드는 방법을 알고 있다는 것도 그렇지만 가스레인지를 마음대로 켤 수 있다는 게 더 놀라웠지요.

"너 혼자서 가스레인지 켜도 돼?"

"물론 안 되지."

"그러면 어떻게 계란찜을 만들려고?"

"다 방법이 있어."

친구는 뚝배기에 계란 두 개를 풀어 물과 소금을 넣고 휘젓더니 '네모난 상자'에 넣었어요. '윙~' 하는 소리와 함께 몇 분이 지난 후 김이 모락모락 나는 계란찜이 완성되었어요. 이 네모난 상자가 무엇인지 눈치챘나요? 네, 전자레인지예요. 처음 본 전자레인지는 무척 신기했죠. 불 없이 음식을 조리해서 먹을 수 있다니 새로운 세상이 열린 것 같았어요.

불 없이 음식을 조리하는 기구

전자레인지는 다른 조리 기구들과 달라요. 무엇이 다를까요? 가스레인지는 불로 프라이팬 같은 용기를 가열해서(이것을 '전도열'이라고 해요.) 음식을 만들고, 오븐은 오븐 안의 공기를 뜨겁게 달구어서(이것을 '대류열'이라고 해요.) 음식을 조리해요. 대부분의 조리 기구는 어떤 방식이든 열을 가해서 음식물을 조리하거나 익히죠. 하지만 전자레인지는 달라요. 가열할 필요가 없기 때문에 간편하고 안전하게 음식물을 조리할 수 있어요.

또 하나 전자레인지의 편리함이 있어요. 조리할 음식물을 담는 용기를 자유롭게 선택할 수 있다는 점이에요. 만약 가스레인지 위에 유리나 도자기, 플라스틱 그릇을 올려 두고 음식을 조리하면 어떻게 될까

요? 유리나 도자기 그릇은 깨지고 플라스틱 그릇은 녹아 버리겠죠. 오븐도 마찬가지고요. 하지만 전자레인지는 재질에 상관없이 '전자레인지 사용 가능'이라고 적힌 그릇이라면 어떤 것이든 음식물을 담아 조리할 수 있어 편리해요.

우연한
발견

녹아 버린 초콜릿

전자레인지는 미국의 공학자인 퍼시 스펜서가 아주 우연한 기회를 통해서 발명했어요. 스펜서는 '레이시온'이라는 무전 장비(전화기와 비슷한 통신 장비)를 만드는 회사에서 일하고 있었어요. 그는 레이더 장비를 개발하면서 출출할 때 간식으로 먹으려고 주머니에 초콜릿을 넣어두었어요. 그런데 막상 초콜릿을 먹으려고 꺼내면 매번 초콜릿이 녹아 주머니가 엉망이 되어 있었어요. 스펜서는 이해할 수 없었어요. 실내 온도가 초콜릿이 녹을 만큼 높지 않았거든요.

'이상한 일이네. 왜 초콜릿이 녹아 버렸을까?'

그러다가 스펜서는 혹시 자신이 하는 일과 초콜릿이 녹는 것에 어떤 관계가 있는 게 아닐까 의심을 갖게 되었어요. 레이더의 장치에는 '전

15

자기파'라는 것이 사용되는데, 이것 때문에 초콜릿이 녹은 것일지도 모르겠다고 말이에요. 곧 스펜서는 초콜릿이 녹는 현상과 전자기파의 관계를 밝히기 위한 실험을 시작했어요.

첫 번째 실험 대상은 옥수수 알갱이였어요. 전자기파가 만들어지는 곳에 옥수수 알갱이를 올려놓자 알갱이들이 '펑펑' 소리를 내며 팝콘으로 변했어요. 조금도 가열하지 않았는데 말이에요. 뒤이어 계란으로 두 번째 실험을 하려고 날계란을 전자기파 옆에 갖다 두자 날계란이 들썩거리더니 이내 '펑' 하는 소리와 함께 터져 버렸어요. 그때 스펜서는 확신했어요.

"전자기파로 요리를 할 수 있겠구나!"

수학으로 골고루 익히기

　이런 과정을 거쳐 스펜서는 전자레인지와 비슷한 기계를 발명했지만 몇 가지 문제가 있었어요. 가장 큰 문제는 음식물이 골고루 익지 않는다는 점이었어요. 이 문제를 발견한 사람은 크리스 버드라는 영국 바스대학교 왕립 수학회 교수였어요. 이것은 꽤 심각한 단점이었어요. 전자레인지로 음식을 충분히 골고루 가열할 수 없다면 식중독을 일으킬 수도 있고, 조리 시간과 전력 낭비가 생길 수 있으니까요. 버드는 이 문제를 해결하기 위해 연구팀을 꾸려 '개선된 전자레인지 만들기'를 시작했어요.

　버드와 그의 연구팀은 마침내 '맥스웰 방정식(전기장과 자기장의 관

계를 나타낸 방정식)'이라는 수학 공식을 통해 문제를 해결할 수 있었어요. 맥스웰 방정식으로 전자레인지가 발생시킨 전자기파에서 나온 에너지 중 얼마만큼이 음식을 데우는 데 쓰이고 또 얼마만큼이 사라지는지를 계산할 수 있게 되었거든요.

쉽게 말해, 버드와 그의 연구팀은 수학을 활용해 음식의 위치에 따라 음식의 가열 정도가 어떻게 달라지는지를 계산해 낸 것이지요. 이를 통해 음식물을 더 고르게 익히는 전자레인지를 만들 수 있게 되었어요.

마이크로파와
물의 비밀

손을 비비면 열이 나는 현상

전자레인지는 외부의 열을 음식물로 전달하는 것이 아니라 음식물 내부에 열을 발생시켜 음식물을 조리하는 거예요. 이해가 안 된다면, 추운 겨울날 손이 시릴 때를 생각해 봐요. 손을 따뜻하게 하는 방법에는 두 가지가 있어요.

히터기처럼 열이 있는 곳 앞에서 손을 데우는 방법과, 손을 비비는 방법이지요. 첫 번째 방법은 가스레인지나 오븐의 원리예요. 외부의 열을 통해 음식을 익히듯, 외부에 있는 난로의 열을 통해 손을 녹이는 거죠.

두 번째 방법이 전자레인지의 원리예요. 외부의 열은 없지만 손을 비벼서 스스로 열을 내는 것이 전자레인지가 음식물을 익히는 방법이지요. 말하자면, 전자레인지는 음식물 스스로 열을 내게 만드는 장치인 거예요.

손을 비비면 왜 열이 날까요? 손을 비비는 운동(이것을 '운동에너지'라고 해요.)이 뜨거움(이것을 '열에너지'라고 해요.)으로 바뀌는 거예요. 마찬가지로 전자레인지는 음식물 자체가 운동하게 만들어 열을 내지요. 하지만 전자레인지가 작동하는 동안 그 안을 살펴보면 이해가 되지 않을 거예요. 전자레인지 안의 음식물은 조용히 돌기만 할 뿐, 열을 만들어 낼 정도로 격렬하게 움직이지 않으니까요.

첫 번째 비밀, 마이크로파

이 궁금증을 풀기 위해서는 두 가지 사실을 먼저 알아야 해요. 첫째, 전자레인지는 전자기파를 발생시킨다는 사실과, 둘째, 음식물에는 물 분자가 포함되어 있다는 사실이지요. 우선 전자기파부터 살펴봐요. 전자기파는 쉽게 말하면 눈에 보이지 않는 파동(진동)이에요. 텔레비전을 보거나 휴대 전화로 통화를 할 수 있는 것도 이 전자기파 덕분이죠.

그런데 텔레비전과 휴대 전화에도 전자기파가 있다면, 텔레비전과 휴대 전화로도 계란찜을 만들 수 있어야 하는 것 아닐까요? 하지만 우리가 이미 알고 있듯 이것으로는 계란찜을 만들 수 없죠. 왜일까요? 그것은 전자레인지에서 발생시키는 것과는 다른 종류의 전자기파이기 때문이에요. 전자기파에는 X선, 적외선, 자외선, 라디오파, 마이크로파 등 다양한 종류가 있어요. 각 전자기파가 어떤 진동을 하느냐(이것을 '주파수'라고 해요.)로 구분되지요.

전자레인지가 만드는 전자기파는 1초에 2.45번 진동(이런 주파수를 2.45Hz라고 표현해요.)하는 특징을 갖고 있어요. 이런 전자기파를 '마이크로파(microwave)'라고 하지요. 전자레인지를 왜 영어로 'microwave oven'이라고 하는지도 이제 알겠죠? 이 마이크로파는 물 분자를 서로 충돌하게 만들어요.

두 번째 비밀, 물

거의 모든 음식에는 수분, 즉 물이 포함되어 있어요. 전자레인지에서 발생시키는 마이크로파는 음식물 속의 물 분자를 서로 충돌하게 만들어요. 그 충돌로 음식물 안에서 열이 발생하게 되는 거예요. 물 분자가 충돌할 때 발생하는 운동에너지가 열에너지로 바뀌는 거죠. 마치 우리가 추운 겨울날 손을 비비면서 열을 얻는 것처럼 말이에요. 그러므로 전자레인지는 수분이 포함된 음식물만 익힐 수 있어요.

예를 들어 물기가 없는 유리컵이나 플라스틱 그릇은 아무리 전자레인지로 돌려도 가열되지 않아요. 그래서 유리, 도자기, 플라스틱 그릇을 사용할 수 있는 거고요. 그런데 우유가 담긴 유리컵을 전자레인지에 넣고 돌리면 유리컵도 뜨거워지죠? 이것은 우유가 뜨거워져 그 열이 유리컵에 전달된 것이지, 유리컵 자체가 뜨거워진 것은 아니에요.

전자레인지는 몸에 해로울까요?

전자레인지는 편리한 만큼 위험하기도 해요. 가스레인지에서 나오는 불은 눈에 보이기 때문에 조심할 수 있잖아요? 하지만 전자레인지에서 나오는 전자기파는 눈에 보이지 않기 때문에 더 위험할 수 있어요.

전자레인지는 음식물을 담는 그릇이 자유롭기는 하지만 은박지나 금속으로 된 그릇은 피해야 해요. 은박지나 금속류는 마이크로파를 반사하는 성질이 있거든요. 그 때문에 음식물이 가열되지 않는 것은 물론이고 금속류의 날카로운 부분에 마이크로파가 집중되어 스파크(불꽃)가 일어나 사고의 위험성이 있어요.

또한 전자레인지에서 나오는 전자기파는 우리 몸에 좋지 않아요. 음식물처럼 우리 몸도 많은 수분을 함유하고 있으니까요. 우리가 전자레인지를 안심하고 사용할 수 있는 것은 전자레인지의 유리문에 마이크로파가 밖으로 나오지 않게 막아 주는 금속망이 설치되어 있기 때문이에요.

거대 전자레인지 때문에 일어난 사회 갈등

얼마 전 우리나라에서는 경상북도 성주에서 '사드(미사일에 대응하는 군사 무기의 일종)'를 도입하는 문제로 많은 사회적 갈등이 있었어요. 사드가 왜 사회적 갈등을 일으켰을까요? 쉽게 비유하자면, 사드는 거대한 전자레인지이기 때문이에요. 전자레인지에서 전자기파가 나오듯, 사드에서도 전자기파가 발생돼요.

전자기파는 일종의 공해라고 할 수 있어요. 전자레인지의 전자기파는 유리문의 금속망을 통해 대부분이 차단이 되지만 사드가 발생시키는 전자기파를 두고는 논란이 많아요. 어떤 사람은 사드의 전자기파도 전자레인지의 그것처럼 인체에 무해하다고 주장하고, 또 어떤 사람은 인체에 치명적일 정도로 유해하다고 주장하고 있어요. 이런 의견 충돌 때문에 사회적 갈등이 일어난 거고요.

전자레인지의 작동 원리에 대해 배우고 나니 우리도 '사드' 문제에 대해 각자 나름의 의견을 낼 수 있을 것 같아요. 꼭 필요해서 사드를 배치해야 한다면, 전자레인지의 금속망처럼 인체에 피해를 주지 않는 방법을 마련해야 해요. 전자레인지도, 사드도 결국 사람을 위해 만들어진 것이니까요. 무엇보다 중요한 건 언제나 사람이에요.

약수를 못 마시는 건
좀 아쉽지만
- 정수기

태평양 전쟁 중에
발명된 정수기

가벼운 옷차림, 시원한 바람, 바닷가, 풍성한 과일…… 여름은 정말 신나는 계절이에요. 그런데 가끔 여름이 싫을 때가 있죠. 땀 흘리며 축구를 하고 들어와 얼음처럼 시원한 물을 마시고 싶은데 집에 뜨거운 물밖에 없을 때예요.

우리 집은 항상 수돗물을 끓여서 마셨어요. 왜냐고요? 컵만 갖다 대면 시원한 물이 나오는 정수기가 없었으니까요. 지금이야 집, 학원, 마트 등 어딜 가나 정수기가 없는 곳이 드물지요. 하지만 제가 어렸을 때는 정수기라는 것 자체가 없었어요. 그래서 마실 물을 얻기 위해서는 수돗물을 끓여 혹시 있을지 모를 세균을 없애야 했지요.

물을 끓이는 것은 마실 물을 얻는 오래된 방법이에요. 이 방법은 몇 가지 불편함이 있었어요.

우선 번거롭죠. 매번 물을 끓여야 한다는 것도, 또 끓인 물이 식을 때까지 기다려야 한다는 것도요. 그보다 더 큰 단점은 물을 끓이는 것으로는 중금속이나 합성 세제 같은 인체에 해로운 오염 물질을 제거할 수 없다는 거예요. 이런 단점을 해결한 것이 바로 정수기지요. 우리는 정수기 덕분에 언제 어디서나 간편하게 시원하고 안전한 물을 마실 수 있게 되었어요.

정수기의 역사

선사 시대 사람들은 자연에서 흐르는 물을 그대로 마셨어요. 하지만 경우에 따라 배앓이를 하거나 심하면 목숨을 잃기도 했지요. 인류는 경험과 지혜가 쌓이면서 물을 끓여 먹는 방법을 터득했어요. 사실 물을 끓이는 것도 정수기의 역할을 어느 정도 했다고 볼 수 있어요. '정수'라는 말 자체가 '물(水)'을 '깨끗하게(淨)' 한다는 말이니까요. 그러니 물을 끓이는 것도 일종의 정수인 셈이죠.

고대 그리스 시대 사람으로 의학의 아버지라고 불리는 히포크라테스도 당시 수도관에서 나오는 물이 식용으로는 적당하지 않으므로 수도관의 물을 바로 마시지 말고 거르거나 끓여 먹어야 한다고 주장했어요. 이처럼 거르고 끓이는 것이 정수기 역할의 시초였어요.

하지만 이런 정수 방법은 지금 흔히 보는 정수기와는 사뭇 다르죠. 지금과 같은 형식의 정수기는 제2차 세계 대전 중 미국 해군이 처음 만들었어요.

　1940년대 초 미국 해군은 일본과 오랫동안 전쟁을 치르고 있었어
요. 전쟁을 하면 해군들은 짧게는 수개월, 길게는 수년씩 망망대해에
서 떠 있어야 했는데 그동안 가장 큰 문제가 되었던 것은 역설적이게
도 물이었어요.

　세탁을 하거나 몸을 씻고, 마시는 데 필요한 물은 담수지, 염분이 많
은 바닷물이 아니니까요. 이 담수를 확보하는 문제는 당시 미국 해군
의 가장 큰 골칫거리였어요. 매번 담수를 육지로부터 운반해 오기는
힘들었거든요.

　　　　　　　　　　　　　2장 약수를 못 마시는 건 좀 아쉽지만 – 정수기

*멤브레인 필터 0.0001미크론의 중금속과 바이러스, 이온 성분, 미생물 등의 오염 물질을 제거하는 정수기의 핵심 부품이다.

주변에 온통 물이 가득한데 막상 사용할 수는 없으니 얼마나 답답했을까요? 이런 답답함은 바닷물의 염분을 제거해 담수로 바꾸는 장치(멤브레인 필터*)를 개발하게 만드는 계기가 되었어요. 덕분에 바닷물을 담수로 바꿀 수 있었지요. 바로 이 장치가 현재 우리가 널리 사용하고 있는 정수기인 '역삼투압' 정수기의 시초예요.

역삼투압의
원리

그렇다면 정수기는 어떻게 깨끗한 물을 만드는 걸까요? 먼저 정수기의 정확한 뜻을 알아야 해요. 정수기는 물리적, 화학적 과정을 거쳐서 물을 깨끗하게 하는 기구예요. 이 말은 정수기가 크게 두 종류가 있다는 걸 의미해요. 물리적 과정으로 물을 깨끗하게 하는 정수기와 화학적 과정으로 물을 깨끗하게 하는 정수기지요.

거대한 정수기, 지구

물리적 정수기는 우리가 직접 만들어 볼 수도 있어요. 준비물은 흙탕물, 큰 자갈, 작은 자갈, 모래, 숯, 페트병이에요. 페트병을 반으로 잘라 입구 쪽이 아래로 가도록 뒤집은 다음 큰 자갈, 작은 자갈, 모래, 숯을 채워 넣고 다시 거꾸로 모래, 작은 자갈, 큰 자갈을 순서대로 채우면 완성돼요.

그다음 미리 준비한 흙탕물을 페트병 속으로 부으면 흙탕물은 자갈, 모래, 숯을 거쳐서 한 방울씩 아래로 떨어져요. 그 물을 모아서 처음 흙탕물과 비교해 보세요. 도저히 마실 수 없을 것 같았던 흙탕물이 비교적 깨끗하게 정수되어 있을 거예요. 어떻게 된 일일까요?

우선 흙탕물 속의 크고 작은 부유물들이 큰 자갈과 작은 자갈, 모래를 거치면서 걸러져요. 그리고 숯을 거치면서 수돗물의 염소 같은 유독 물질이 분해되고 또 악취도 사라지지요. 숯은 연료로 사용되지만, 더러운 물질을 제거하고 깨끗하게 정화하는 성질도 있거든요. 그리고 마지막으로 다시 모래와 자갈을 거치면서 남아 있는 부유물을 한 번 더 걸러 내기 때문에 깨끗한 물을 얻을 수 있어요. 이것이 물리적 정수기가 물을 깨끗하게 만드는 원리예요.

오호~ 역삼투압 정수기

물분자

오염물질

여기서 재밌는 사실 하나. 이 물리적 정수기의 원리는 지하수가 만들어지는 원리를 응용한 거예요. 지구는 하나의 거대한 정수기거든요. 빗물이 땅으로 떨어지면 땅 속의 여러 층을 거치면서 깨끗해진 다음 지하에 고이게 되니까요. 정수기가 없던 시절, 약수터나 우물에서 깨끗한 물을 얻었던 이유가 이 때문이랍니다.

삼투 현상을 거꾸로 하는 정수기

그렇다면 화학적 정수기는 어떨까요? 이런 정수기를 '역삼투압' 정수기라고 해요. 역삼투압은 삼투압을 거꾸로 진행한다는 뜻이죠. 삼투압은 뭘까요? 삼투압은 우리 일상에서도 자주 발견할 수 있어요. 짜게 먹으면 갈증이 나는 것, 목욕탕에 오래 있으면 손이 쭈글쭈글해지는 것도 삼투압 작용 때문이에요.

삼투압 작용을 쉽게 이해하기 위해 간단한 실험을 해볼게요. U자형 비커 중간에 달걀 껍질로 막을 만들고 한쪽에는 아주 짠 소금물, 다른 한쪽은 싱거운 소금물을 채워요. 따뜻한 물과 차가운 물이 만나면 온도 차가 줄어들어 중간 온도의 물이 되는 것처럼, 농도 역시 마찬가지예요. 자연에서는 농도 차이가 줄어드는 방향

으로 물(용매)이 움직이려고 해요. 그래서 막을 통해 싱거운 소금물 쪽은 소금이 남고 물만 짠 소금물 쪽으로 넘어가요. 달걀 껍질은 반투과성 막이라 소금(용질)은 막고 물(용매)만 이동시킬 수 있거든요.

이처럼 삼투 현상은 저농도(싱거운) 물에서 고농도(짠) 물로 반투과성 막을 통해 순수한 물이 이동하는 현상이에요. 이때 용매(물)가 이동하려는 힘(압력)이 삼투압이에요. 역삼투압 정수기는 이 삼투압 현상을 거꾸로 적용해 물을 깨끗하게 하는 거죠. 이해가 잘 안 되나요? 그럼 다시 U자형 비커에 한쪽은 소금물, 한쪽은 아주 적은 양의 물을 채워요.

이때 소금물이 불순물이 섞인 물이라고 가정해 봐요. 소금을 제거해서 깨끗한 물을 얻어야 하는 거죠. 그런데 이 비커를 그냥 두면 삼투 현상으로 물(저농도)이 소금물(고농도) 쪽으로 반투과성 막을 통해 들어와 중간 농도의 물이 되어 버려요. 즉, 불순물(소금)을 제거할 수 없게 되죠.

하지만 이때 전기적 힘으로 소금물 쪽에 압력을 가하면 어떻게 될까요? 삼투 현상이 역으로 진행되게끔 소금물 쪽을 전기적 압력으로 누르는 거예요. 역삼투압을 거는 거죠. 정수기에 전기가 필요한 이유가 바로 그 전기적 압력을 얻기 위해서예요. 그렇게 되면 반투과성 막을 통해 소금물에서 물만 옆으로 넘어가게 되면서 마실 수 있는 순수한 물이 만들어져요. 이것이 역삼투압 정수기의 원리예요.

거대한 정수기를 파괴해 만든, 작은 정수기

그렇다면 정수기는 정말 좋은 걸까요? 마실 수 없는 물을 마실 수 있게 해 주니 좋은 공학 제품일까요? 꼭 그렇지는 않아요. 몇십 년 전, 사람들이 농담 삼아 했던 말이 있어요.

"언젠가 물도 사 먹게 될지 몰라."

당시에는 이 말이 공기도 사서 마셔야 하다는 말처럼 황당한 이야기였죠. 지금은 당연한 소리가 되어 버렸지만요.

불과 40여 년 전만 해도 시골에서는 우물물을 길어 마셨고, 도시에서는 곳곳에 약수터가 있어서 얼마든지 마실 물을 구할 수 있었어요. 하지만 산업화를 거치면서 환경 오염이 심해져 이제 지하수(우물, 약수)의 안전성을 확신할 수 없게 되었지요. 그렇게 우물도, 동네 약수터도 하나둘씩 사라졌고, 그 자리에 지금 우리가 흔히 볼 수 있는 정수기가 들어서게 되었어요.

앞서 지구는 지하수라는 깨끗한 물을 만들어 내는 거대한 정수기라고 말했죠? 어쩌면 우리는 지구라는 모든 사람이 사용할 수 있는 정수기를 파괴하고, 각자의 집에 작은 정수기를 들여놓은 것일지도 모르겠어요. 정말 좋은 세상은 모든 집에 정수기가 하나씩 있는 세상이 아니라, 지구라는 정수기를 모두 함께 사용하는 세상이 아닐까요?

3장

건조한 건 못 참아!
- 가습기

물을 쪼개
입자화하는 가습기

저는 어렸을 때부터 유독 목이 약했어요. 그래서 겨울철이면 자주 목감기로 고생하곤 했지요. 그럴 때면 엄마는 물에 적신 수건을 방 안에 걸어 주었죠. 그러고 나면 신기하게도 기침 증세가 한결 나아졌어요. 병원을 다녀온 것도 아니고 약을 먹은 것도 아닌데 어떻게 이런 일이 일어난 걸까요? 그건 바로 습도 때문이에요.

우리 눈에는 보이지 않지만 공기 중에는 물이 포함되어 있어요. 이 물을 수증기라고 해요. 습도는 공기 중에 수증기가 포함된 정도를 의미하는데 수증기가 약 55~60%일 때가 사람에게 적당해요. 흔히 '습하다'라고 말하는 건 공기 중에 수증기가 그보다 많다는 말이고 반대로 '건조하다'라는 건 그보다 적다는 말이에요.

습도에 따라 우리는 불쾌감이나 상쾌함을 느껴요. 더운 여름날 습도

마저 높으면 온몸이 끈적끈적해 기분이 나빠지지요. 날씨 예보에서 불쾌지수를 발표하기도 하고요. 그러다가 초가을에 접어들어 습도가 적당해지면 기분도 좋아지고 쾌적함을 느껴요.

그런데 습도는 단순히 불쾌감이나 상쾌함을 넘어 우리의 건강에 많은 영향을 미쳐요. 습도가 너무 낮으면 공기가 건조하기 때문에 목감기와 같은 호흡기 질환에 걸리기 쉽고, 눈도 따가울 수 있어요. 또 피부도 건조해져서 자주 가렵죠. 이런 문제를 해결하기 위해 등장한 것이 바로 가습기예요. 겨울처럼 건조한 계절이나 다른 요인으로 적절한 습도가 필요할 때 원하는 습도를 유지시키도록 하는 기구이지요.

가열식 가습기와 초음파식 가습기

널리 사용되는 가습기는 크게 두 가지 형태예요. 가열식 가습기, 초음파식 가습기. 이 형태에 따라 역사도 달라요. 먼저 가열식 가습기는 누가 언제 발명했는지 분명하게 기록되어 있지 않아요. 발명왕 에디슨의 수천 가지 발명품 중 가습기도 있었다는 기록이 남아 있는 정도죠. 그도 그럴 것이 이 가열식 가습기는 특별히 과학적이거나 공학적인 기술이 필요하지 않기 때문이에요.

가습, 즉 공기 중에 수증기를 공급하는 기본적인 방식은 물을 끓이는 거예요. 냄비에 물을 끓여서 수증기를 발생시키면 습도가 높아지지요. 물을 끓이는 커피포트를 발명했다는 말은 가습기를 발명했다는 말과 같은 셈이죠. 밤새 커피포트에 물을 끓이면 그게 곧 가습기의 역할을 하니까요. 그래서일까요? 강원도 강릉에 있는 '참소리 축음기 에디슨 과학박물관'에는 커피포트와 가습기가 에디슨의 발명품으로 함께 놓여 있어요.

초음파식 가습기는 그 이름처럼 '초음파'의 역사와 함께 이야기해야 해요. 초음파의 역사는 1916년으로 거슬러 올라가요. 프랑스의 물리학자 폴 랑주뱅은 아무것도 보이지 않는 캄캄한 바닷속에서 움직이는 잠수함을 찾아내는 연구를 하고 있었어요. 연구를 거듭하던 끝에 랑주뱅은 '소나(sonar)'라는 수중 음파 탐지기를 개발했고 이것으로 잠수함을 찾아낼 수 있었어요.

랑주뱅이 어떻게 보이지 않는 바닷속에서 잠수함의 움직임을 탐지할 수 있었을까요? 그 비밀은 바로 초음파에 있어요. '소나'는 초음파를 이용한 것이었어요. 초음파를 수중으로 내보낸 뒤에 그것이 물체에 부딪힐 때 생기는 파장을 통해 대상을 알아내는 방식이었죠. 이것은 박쥐가 몸에서 초음파를 내보낸 다음 상대로부터 되돌아오는 반사파로 먹이의 위치를 파악하는 것과 같은 원리예요.

이후 본격적으로 초음파를 이용한 발명품들이 속속 등장하기 시작했어요. 우리 주변에서도 초음파를 이용하는 경우를 많이 볼 수 있죠. 안경점이라면 반드시 놓여 있는 안경 세척기도 초음파를 이용한 것이에요. 초음파로 세정액을 진동시켜 먼지나 기름을 씻어 내는 거죠. 초음파로 세척하면 시간도 짧게 걸리고 매우 깨끗하게 세척되지요. 또 초음파는 환자의 치료에도 사용되어요. 몸속에 결석이나 담석이 생겼을 때 이것을 초음파로 잘게 부숴 낼 수 있거든요.

이런 초음파 기술의 등장이 가습기에도 이용되었어요. 초음파를 이용해 물을 끓이지 않고도 공기 중 습도를 높일 수 있게 되었거든요. 바로 초음파식 가습기예요.

가열 방식과
초음파 방식

가습기는 건조한 공기에 물(수분)을 공급해서 습도를 높이는 장치예요. 문제는 공기에 물을 공급하는 것이 쉽지 않다는 사실이에요. 방이 건조하다고 큰 그릇에 물을 담아 뿌리면 방바닥에 물난리가 날 뿐 습도는 그다지 높아지지 않아요. 습도를 높이려면 방바닥이 아니라 공기 중에 물을 공급해야 해요. 어떻게 해야 할까요? 물을 눈에 보이지 않을 정도로 아주 잘게 쪼개야 해요. 쉽게 바닥에 떨어지지 않아야 하니까요. 이것을 '입자화'라고 해요.

가습기의 핵심 작동 원리는 물의 입자화에 있어요. 물을 입자화할 수 있어야 공기 중에 습도를 높일 수 있는 거죠. 가습기는 물의 입자화 방식에 따라 종류가 나뉘어요. 가열식 가습기는 물을 끓여서, 초음파식 가습기는 진동을 이용해서, 원심분무식 가습기는 원심력을 이용해 물을 입자로 쪼개는 것이죠.

여러 가지 종류의 가습기 중 널리 사용되고 있는 가열식, 초음파식 그리고 복합식 가습기의 작동 원리에 대해서 알아볼게요.

물을 끓이는, 가열식 가습기

가열식 가습기는 가장 오래된 가습 장치예요. 물을 가열하면 김이 나오잖아요? 김은 가열을 통해 물이 입자화(수증기)된 것이죠. 이 입자화된 수증기가 습도를 높이게 되고요. 커피포트처럼 전기를 이용해 물을 가열해 증기를 발생시켜 건조한 방 안에 습도를 높이는 거죠.

방 안에 물수건을 걸어 두는 것도 일종의 가열식 가습이라고 할 수 있어요. 추운 겨울철, 따뜻한 방 안에 물수건을 널어 두면 수건의 물이 조금씩 증발해서 건조한 방을 적당한 습도로 유지하게 해 주죠. 이것이 가열식 가습기의 원리예요.

가열식 가습기는 물을 끓여 수증기를 공급하기 때문에 중금속 등 유해 물질이 섞이지 않고. 세균 살균 효과가 뛰어나요. 하지만 뜨거운 증기 때문에 자칫하면 화상을 입을 우려가 있지요. 다른 형태의 가습기와 비교하면 수증기 발생량이 적어서 충분한 가습이 이루어지지 않는 것도 단점이에요. 무엇보다 가열식 가습기는 계속 물을 끓여야 한다는 점에서 전기의 사용량이 많지요.

진동으로 물을 쪼개는, 초음파식 가습기

초음파는 쉽게 말해 '소리'예요. 하지만 사람이 들을 수 없는 소리죠. 소리는 떨림(진동)이기도 해요. 그래서 우리가 들을 수 있는 소리(떨림, 진동)를 '가청 진동수(20~20,000Hz)'라고 해요. 가청 진동수를 벗어나면 사람은 그것을 소리로 파악할 수 없어요. 가청 진동수보다 높은 진동수를 가진 소리(진동)를 '초음파'라고 해요.

가열식 가습기가 가열해서 물을 쪼개 입자화한다면, 초음파식 가습기는 초음파를 이용해 물을 쪼개 입자화하는 거예요. 정확히는 초음파가 만들어 내는 진동으로 물을 입자화해요. 제대로 이해하기 위해서는 초음파 가습기의 구조를 살펴봐야 해요.

가습기 바닥 면에는 진동판이 있고, 진동판 뒷면은 '초음파 진동자(압전 세라믹: 전기 에너지를 초음파로 바꾸는 장치)'로 구성되어 있어요. 이 '초음파 진동자'는 전류가 흐르면 형상이 변해 진동을 만들어 내지요. 그 진동이 진동판에 전달되어 1초당 30만~2,500만 번의 진동을 일으켜요. 이 진동이 바로 초음파예요.

이렇게 발생한 진동은 물 분자 덩어리에 전달되죠. 극렬하게 떨리는 물 분자들이 서로 부딪히는 진동이 물 표면까지 닿으면, 급기야 물 입자들이 미세한 알갱이 상태로 물 표면 밖으로 튀어나오게 돼요. 물이 입자화되는 거죠. 그 미세한 알갱이가 바로 우리가 흔히 보는 초음파식 가습기에서 나오는 뿌연 연기의 정체예요. 물을 연기처럼 쪼개 입자화한 후, 작은 팬으로 방 안에 입자를 내보내는 거죠. 이렇게 물을 끓이지 않고 습도를 올리는 것이 초음파식 가습기의 원리예요.

초음파 가습기는 물을 가열하지 않아서 화상을 입을 염려가 없고, 전기도 많이 소비하지 않기 때문에 비용이 적게 들어요. 또 가습량이 가열식 가습기에 비해 풍부하지요.

반면 연기처럼 분출된 물 입자는 실내에서 기체화(기화)되는 것이기 때문에 가습기 주변 온도가 떨어질 수 있어요. 액체가 기체로 변할 때는 주변의 열을 빼앗아 가기 때문이죠(이것을 '기화열'이라고 해요.). 물을 끓여 수증기를 만드는 것은 물이 가스레인지의 열을 빼앗아 가기 때문인 것처럼 말이에요.

그보다 큰 문제는 물속 세균이나 유해 물질이 살균되지 않은 채로 습기와 함께 퍼질 수 있다는 거예요. 가습기 살균제(세정제)로 영유아, 아동, 임신부, 노인 등이 사망한, '가습기 살균제 사건'이 대표적인 예라고 할 수 있어요.

가열식+초음파식=복합식 가습기

가열식과 초음파식의 장점을 두루 갖춘 가습기가 복합식 가습기예요. 가습기의 핵심 기술이 물의 입자화라고 했지요? 이 과정에서 각 가습기의 장단점이 생겨요. 가열식은 물의 온도를 높여 입자화하면서 '살균 효과'라는 장점과 '가습량 부족', '화상'이라는 단점이 있죠. 초음파식은 초음파의 진동을 이용해 물을 입자화하면서, '충분한 가습량'이라는 장점과 '살균 문제'라는 단점이 있고요.

복합식 가습기는 가열식과 초음파식의 단점을 보완한 거예요. 과연 어떻게 가능할까요? 생각보다 간단해요. 물을 75~80℃로 데운 후, 초음파(1.525~1.74MHz)로 가습하는 것이죠. 가열하면서 살균 문제도 해결하고, 초음파를 이용함으로써 가습량 문제와 화상의 위험도 해결하는 거죠.

식물은 가장 좋은 천연 가습기

가습기는 쾌적한 실내 환경을 만들어 호흡기 질환과 피

부 질환에 도움을 주죠. 하지만 모든 공학 제품이 그렇듯, 가습기 역시 좋은 것만은 아니에요. 앞서 언급했던 가습기 살균제 사건처럼 잘못된 가습기 사용으로 끔찍한 결과를 초래하기도 하니까요. 또 아무리 잘 만든 가습기라도 결국은 인위적으로 물을 입자화하는 과정에서 반드시 에너지 소모가 일어나고, 예외적인 경우가 아니라면 에너지 소모는 결국 크고 작은 오염을 동반할 수밖에 없어요.

그렇다면 가습을 포기해야 할까요? 아니에요. 우리 주위에는 세균, 화상, 전력 문제로부터 자유로운 가습기가 있어요. 바로 식물이지요. 식물이 어떻게 가습기 역할을 할 수 있을까요? 바로 '증산 작용' 덕이에요. 식물은 잎, 줄기를 지탱하기 위해 끊임없이 광합성을 해야 하잖아요? 이때 반드시 물이 필요해요. 그래서 식물은 뿌리를 이용해 끊임없이 땅속에 있는 물을 빨아들이죠.

뿌리로부터 흡수된 물은 잎의 뒷면에 있는 공기구멍(이것을 '기공'이라고 해요.)을 통해 기체 상태로 빠져나가요. 바로 이 과정, 식물이 흡수한 물을 수증기 상태로 공기 중으로 다시 내보내는 과정이 바로 증산 작용이에요. 증산 작용은 가습기의 핵심 기술인 물을 입자화하는 것과 같아요.

식물에 따라 차이는 있지만, 하루 동안 식물이 증산 작용을 통해 내보내는 수분의 양은 가습기 1대 역할은 충분히 할 수 있을 정도예요. 우리가 풀과 나무가 많은 곳에 가면 상쾌함을 느끼고, 자연과 함께 사는 사람들이 호흡기나 피부 질환이 거의 없이 건강한 데는 다 이유가 있는 거죠.

우리가 곳곳에 전기를 사용하는 가습기를 놓을 수밖에 없는 이유는 주변에 천연 가습기인 식물이 많이 사라졌기 때문인지도 몰라요.

그러니 베란다를 잘 활용해 집 안 곳곳에 식물을 많이 두고 키웠으면 좋겠어요. 그것이 어렵다면 숯이나 솔방울 등을 이용해 천연 가습기를 만들어 사용하는 것도 좋은 아이디어랍니다.

4장

집안일을 줄여 다오
- 진공청소기

압력 차이로 작동하는
진공청소기

집안일은 해도 해도 끝이 없어요. 특히 청소는 하고 나면 모르지만 안 하면 티가 많이 나죠. 하루만 게을리해도 구석구석에 먼지가 뽀얗게 쌓이니까요. 그렇다고 매번 구부려 앉아 걸레질을 하거나 빗자루로 쓸어 내는 건 꽤나 번거로운 일이에요. 허리도 아프고, 걸레도 일일이 손으로 빨아야 하니까요. 더구나 빗자루가 닿지 않는 구석구석에 숨어 있는 머리카락, 찌든 때, 먼지들을 깨끗이 없애기란 쉽지 않죠.

이런 번거로움과 불편함이 어느 날 작은 기계로 해결되었어요. 바로 '진공청소기'예요. 진공청소기 덕분에 힘들고 번거로웠던 청소는 한결 간편하고 손쉬워졌죠. 코드를 꽂기만 하면 '윙~' 하는 소리를 내며 주변에 있는 머리카락, 먼지, 쓰레기들을 모조리 빨아들이니까요. 이제 허리를 숙여 빗자루와 쓰레받기로 청소할 필요도 없고, 빗자루가 닿지 않던 소파 아래나 침대 밑도 깔끔하게 청소할 수 있게 되었어요.

요즘은 전선을 연결할 필요가 없는 무선 청소기까지 나와 있어서 더 편리해요. 이렇듯 진공청소기는 사람들이 간편하고 손쉽게 청소할 수 있도록 만들어진 기구예요.

최초의 진공청소기는 흡입식이 아닌 분무식

기계로 처음 청소를 시작했을 때는 지금의 진공청소기 방식과 사뭇 달랐어요. 초기의 청소 기계는 '차량형 청소기'였어요. 청소차가 바람을 내서 먼지를 흩어지게 하는 방식으로 청소를 했죠. 차량형 청소기는 상당히 불편했어요. 먼지를 이쪽에서 저쪽으로 불어 낸 것뿐이기 때문에 주변 사람들이 먼지를 뒤집어쓰는 일이 빈번하게 일어났어요.

이런 청소기의 불편함과 문제점을 해결하기 위해 고민하고 노력한 사람이 있었어요. 영국의 공학자였던 허버트 세실 부스예요. 그는 어느 날 차량형 청소기 때문에 먼지를 뒤집어쓴 사람들을 보고 기발한 생각을 떠올렸어요.

"먼지를 불지 말고 빨아들여 보면 어떨까?"

집으로 돌아온 그는 간단한 실험을 시작했어요. 입에 손수건을 대고 바닥에 있는 먼지를 빨아들이는 실험이었죠. 이 간단한 실험으로 세실 부스는 먼지를 빨아들이는 방식이 훨씬 깨끗한 청소 방법임을 깨닫게 되었어요. 1901년 세실 부스는 진공청소기 제조 회사를 세우고, 1906년에

최초로 흡입식 진공청소기를 탄생시켰어요.

하지만 세실 부스가 개발한 흡입식 진공청소기에는 여러 가지 문제가 있었어요. 우선 무게가 49kg이나 될 정도로 크고 무거웠어요. 너무 무거워서 진공청소기를 움직이기 위해서는 마차에 실어서 끌어야 했죠. 그뿐 아니라 무거운 만큼 소음도 엄청났어요. 소음이 너무 커서 청소기를 끌던 말이 놀라서 날뛰는 소동이 수시로 일어나곤 했지요.

현재 사용되는 진공청소기와 가장 비슷한 형태로 만들어 낸 사람은 미국의 제임스 스팽글러예요. 스팽글러는 백화점에서 카펫을 청소하는 사람이었어요. 당시는 거리가 대부분 비포장도로였기 때문에 사람들의 구두에는 흙이 많이 묻어 있었지요. 그래서 백화점의 카펫에는 언제나 흙먼지가 가득했어요. 카펫을 청소할 때마다 날리는 흙먼지가 괴로웠던 스팽글러는 어느 날 천장에 매달린 선풍기를 보면서, 바람을 뿜는 대신 빨아들이는 기계를 만들면 어떨까 하고 생각했어요. 그리고 마침내 필터와 먼지 수집기가 달린 흡입식 진공청소기를 발명할 수 있었어요.

이후 청소기는 빠르게 발전을 거듭했고 1913년에는 스웨덴의 발명가 아그셀 웨나크렐이 현대적인 진공청소기를 만들었어요. 우리나라에서는 1960년 즈음 진공청소기를 만들기 시작했지요. 최근 인기를 끌고 있는 로봇 청소기는 2001년 스웨덴의 일렉트로룩스사에서 최초로 개발했지만 가격이 너무 비싸고 제품 성능도 그다지 좋지 않아 별로 주목받지 못했어요. 최근에는 세계 곳곳에서 다양한 로봇 청소기가 만들어지고 성능도 매우 좋아졌지요.

진공청소기에 대한
두 가지 오해

진공청소기는 어떤 원리로 움직이는 걸까요? 그전에 먼저 진공청소기에 관련된 두 가지 오해에 대해 알아볼게요. 두 가지 오해를 푸는 과정에서 자연스럽게 진공청소기의 작동 원리를 알 수 있을 거예요.

첫 번째는 '진공청소기가 먼지를 빨아들인다'는 거예요. 놀랍게도 진공청소기는 먼지나 오물을 빨아들이지 않아요. 두 번째는 '진공청소기는 진공과 관련이 있다'는 거예요. 흔히 진공청소기는 '진공'을 만든다고 생각하지만 그렇지 않아요.

이 두 가지는 너무나 당연하게 여겨졌지만 분명한 오해예요. 이 두 가지 오해를 바로잡을 수 있다면 진공청소기의 작동 원리 역시 이해할 수 있어요.

진공청소기는 먼지를 '빨아들이지' 않아요

진공청소기의 작동 원리는 간단해요. 빨대로 컵에 있는 주스를 마신다고 생각해 봐요. 바로 이 방식이 진공청소기의 작동 원리예요. 진공청소기를 최초로 만든 세실 부스의 실험과 같아요. 빨대로 주스를 빨아들이는 것이나 손수건을 댄 입으로 먼지를 빨아들이는 것은 같은 방식이죠. 이상하죠? 두 가지 모두 먼지를 '빨아들이는' 것 같잖아요.

하지만 겉으로 그렇게 보이는 것일 뿐, 실제로는 아니에요. 이것을 이해하기 위해서는 공기와 압력의 관계를 먼저 알아야 해요. 공기는 압력의 차이가 생겼을 때, 압력이 높은 쪽(고기압)에서 압력이 낮은 쪽(저기압)으로 이동해요. 이 현상을 빨대로 주스를 마시는 것으로 다시 설명해 볼게요.

빨대로 주스를 마시는 건 우리가 흔히 생각하는 것처럼 입으로 주스를 빨아들이는 게 아니에요. 주스가 담긴 컵의 압력이 있고 입속의 압력도 있죠. 입을 벌리고 있을 때는 두 곳의 압력이 같아요. 하지만 빨대에 입을 대고 '스읍~' 하는 순간, 입속의 압력은 순간적으로 주변의 압력(이 주변의 압력을 '대기압'이라고 해요.)보다 낮아져요. 이때 발생하는 압력차 때문에 주스가 입으로 '밀려 들어오는' 거죠. 압력이 높은 쪽(컵의 주스)의 공기가 낮은 쪽(입속)으로 이동하면서 주스가 입속으로 밀려 들어오는 거예요.

진공청소기도 마찬가지예요. 전기 에너지로 청소기 안의 압력을 낮추면 청소기 밖과 청소기 안의 압력차가 발생하고 상대적으로 압력이 높은 청소기 바깥의 공기는 압력이 낮은 청소기 안으로 밀려 들어가게 되죠. 압력 차이에 의해 만들어진 공기의 흐름을 통해, 먼지와 쓰레기가 진공청소기 안으로 '밀려 들어가게' 되는 거예요. 눈치채셨나요? 진공청소기는 '빨아들이는' 장치가 아니라, '밀려 들어가게' 하는 장치인 셈이죠.

진공청소기는 어떻게 압력을 낮출까요?

이제 궁금증이 하나 더 생겼어요. 진공청소기는 어떻게 압력을 낮추는 것일까요? 세실 부스와 우리는 '스읍~' 하면서 입속의 압력을 낮춰, 주스와 먼지를 입으로 밀려 들어오게 만들었어요. 그렇다면 진공청소기는 어떻게 압력을 낮춰 먼지와 쓰레기를 밀려 들어오게 만드는 것일까요? 그 비밀을 알기 위해서는 먼저 진공청소기의 구조에 대해 살펴볼 필요가 있어요.

진공청소기는 크게 흡입구, 모터, 필터로 구성되어 있어요. 흡입구는 먼지나 오물이 들어오는 통로고, 필터는 들어온 먼지나 오물을 걸러 내는 장치예요.

여기서 가장 중요한 것은 모터죠. 모터는 전기 에너지를 통해 회전력을 만들어 내는 장치예요. 진공청소기의 모터에는 회전 날개가 붙어 있는데, 회전 날개를 1분에 1만 번 이상 빠르게 회전시켜요. 진공청소기는 모터의 회전력을 통해 압력을 낮추게 되는 거죠.

우리가 입으로 '스읍~' 하면서 압력을 낮추듯, 진공청소기는 '윙~'(회전 날개가 돌아가는 소리예요.) 하면서 청소기 안의 압력을 낮추는 거예요. 그렇게 발생된 압력차에 의해, 상대적으로 높은 압력의 바깥 공기가 상대적으로 낮은 압력의 진공청소기 안으로 밀려 들어오는 것이죠.

이것이 진공청소기의 작동 원리예요.

'진공' 청소기가 아니라 '저기압' 청소기예요

자, 그럼 이제 두 번째 오해를 풀어 볼까요? 앞서 말했듯, 진공청소기는 '진공'과 관련이 없어요. 엄밀히 말해 이름을 잘못 붙인 거죠. 왜 그런지 설명해 볼게요.

먼저 '진공'이 무엇인지부터 살펴봐야 해요. 진공이란 어떤 입자도 없이 완전히 비어 있는 공간이에요. 지구 위에서 완전히 비어 있는 진공 상태를 찾는 건 거의 불가능해요. 흔히 말하는 '진공 포장', '진공

건조'라는 것도 완전히 비어 있는 것이 아니라, 압력을 낮춰 공기 입자 수를 현저히 줄인 것을 의미할 뿐이거든요.

전구 속이나 텔레비전 브라운관을 진공 상태라고 하는데, 이 또한 정확한 의미에서는 사실이 아니에요. 압력을 매우 낮춰 거의 진공 상태와 다름없기는 하지만 완전히 비어 있는 상태는 아니니까요. 우리 주변에서는 완전한 진공을 찾아볼 수 없기 때문에, 대체로 1,000분의 1 정도로 낮은 공기의 압력(기압)일 경우를 진공이라고 이야기해요. 쉽게 말해, 진공은 없고 진공에 가까운 상태만 있는 것이죠.

그러니 당연히 진공청소기도 진공 상태를 만들지 못해요. 진공청소기는 흔히 진공 상태라고 말하는 상태, 즉 1,000분의 1 정도의 공기의 압력(기압) 상태도 만들지 못해요. 그런데 왜 '진공'청소기라는 이름이 붙은 걸까요? 진공 상태를 만들지는 못하지만, 진공청소기 모터에 달린 팬(회전 날개)이 회전하면서 순간적으로 만들어 내는 낮은 압력 상태가 진공에 가깝다고 가정하기 때문일 거예요.

넓은 의미에서 일정 정도 이하로 낮은 압력 상태를 만들어서, 공기의 입자 수가 주위보다 현저히 적은 상태, 즉 불완전한 진공 상태에 가까워지면 '진공'이라고 말하죠.

이런 불완전한 진공 상태는 흔해요. 빨대로 주스를 빨아들이기 위해 '스읍~' 할 때 입속의 상태도 일종의 불완전 진공 상태예요. 빨대를 물지 않고 '스읍~' 해봐요. 마치 입안에 아무것도 없는 진공 상태가 된 것 같지 않나요?

군이 공학적, 과학적으로 다시 이름을 짓자면, '저기압 청소기'가 더 적합할 것 같아요. 엄밀히 말해, '진공청소기'는 진공이 아니라 낮은 압력을 만들어서 주변을 깨끗이 청소하는 장치니까요!

작은 방의 먼지를 큰 방으로 옮기지 말아요

진공청소기는 깨끗한 실내를 만들어 줘요. 집 안의 먼지를 모아 집 밖으로 버리게 하니까요. 하지만 이것이 꼭 좋기만 한 걸까요? 우리는 진공청소기로 청소를 하면서 다시 먼지와 유해 물질을 만들기도 해요. 요즘 가장 문제가 되고 있는 환경 문제 중 하나인 미세먼지를 생각해 봐요.

건강에 나쁜 영향을 미친다고 알려져 있는 미세먼지는 대부분 각종 화학 물질의 연소에 의해서 만들어져요. 진공청소기를 돌리기 위해 사용하는 전기 에너지를 만들어 내는 과정도 화학 물질의 연소와 무관하지 않지요. 우리는 우리가 살고 있는 집을 쾌적하고 깨끗하게 하기 위해 전기 에너지, 화석 연료 에너지 등 각종 에너지를 지나치게 많이 사용할 때가 있어요.

집 안의 지저분한 것을 집 바깥으로 내보내면 우리 집은 쾌적하고 깨끗해지겠죠. 하지만 그 먼지와 쓰레기가 완전히 사라지는 것은 아니에요. 그것은 지구라는 함께 쓰는 집에 고스란히 남겨져 어딘가를 오염시킬 수밖에 없어요.

지구에는 우리 집만 있는 것은 아니에요. 우리는 지구라는 큰 집에서 다 함께 살고 있다는 사실을 잊지 말아야 해요. 어찌 보면, 청소라는 건 작은 방(우리 집)의 먼지를 큰 방(지구)으로 옮겨 놓는 것일지도 모르겠어요. 진공청소기로 깨끗하게 청소하는 것도 좋지만, 그보다 먼지와 쓰레기 자체를 적게 만들려고 노력하는 것이 더 지혜롭고 현명하지 않을까요?

우리를 웃기고 울리는
마법의 구슬
- 텔레비전

멀리 있어도
볼 수 있는 장치

어린 시절 보았던 영화나 만화에서 마법사가 마법 구슬로 멀리서 일어나는 일을 살펴보던 장면, 기억나나요? 정말 신기하고 놀라웠죠. 그런데 우리는 이미 마법의 구슬을 하나 이상씩 가지고 있어요. 바로 텔레비전이에요.

우리는 텔레비전을 통해 지구 곳곳에서 일어나는 일을 눈앞에서처럼 볼 수 있어요. 이렇게 생각해 보면 텔레비전은 정말 놀라운 장치이지 않나요? 아마 500년 전 사람이 텔레비전을 본다면 정말 마법 구슬이라고 느낄 거예요.

텔레비전(television)은 말 그대로 '멀리(tele)' 있어도 '볼 수 있게(vision)' 해 주는 장치예요. 지금은 컴퓨터, 노트북, 태블릿, 스마트폰같이 텔레비전을 대체할 만한 것들이 많이 생겼죠. 하지만 그 모든 장치들 역시 멀리 있는 것을 화면을 통해 보여 준다는 측면에서 텔레비전의 다른 이름이라고 할 수 있어요.

브라운관에서 시작된 텔레비전

텔레비전은 어떻게 시작되었을까요? 먼저 텔레비전이 어떻게 멀리 있는 것을 볼 수 있게 해 주는지 살펴볼게요.

카메라 등으로 촬영된 영상을 전기 신호로 바꾸고, 그 전기 신호가 텔레비전의 화면으로 전달돼요. 전기 신호는 아주 빨리 그리고 멀리 전달될 수 있거든요. 그런 면에서 텔레비전은 1843년 스코틀랜드의 전기학자인 알렉산더 베인에게서 시작된 것으로 볼 수 있어요. 그가 처음으로 화면을 전기 신호로 바꾸어 전송하는 기술을 발명했거든요.

베인의 기술은 나중에 팩시밀리(facsimile)*가 만들어지는 직접적 계기가 되었어요. 하지만 문제가 있었죠. 이 기술은 정지된 화면을 보여 줄 수는 있어도 지금의 텔레비전처럼 움직이는 영상을 표현할 수는 없었어요. 이것을 해결한 사람은 독일의 발명가 파울 닙코였어요.

1884년 파울 닙코는 전기 신호를 움직이는 영상으로 변환해 표시할 수 있는 기계 장치를 발명했어요. 그리고 자신의 이름을 따 '닙코 디스크(Nipkow disk)'라고 불렀죠. 닙코 디스크는 큰 화제를 불러일으켰어요. 닙코 디스크의 원리는 생각보

*팩시밀리 문자, 도표, 사진 따위의 정지 화면을 전기 신호로 바꾸어 보내고, 받는 쪽에서는 원래의 화면과 같은 기록을 얻는 통신 방법. 또는 그런 기계 장치. 팩스라고도 함.

다 간단해요. 소용돌이처럼 회전하는 구멍 뚫린 금속 디스크(원판)에 전기 신호에 따라 밝기가 달라지는 빛을 발사하고, 빛이 디스크의 구멍을 통과하면 움직이는 영상이 반대쪽에 표시되는 원리예요.

이후, 1925년에 스코틀랜드의 존 로지 베어드는 닙코 디스크 기술을 이용해 세계 최초의 기계식 텔레비전을 개발하는 데 성공했어요. 하지만 이 텔레비전은 시청 중에 끊임없이 원판을 돌려야 했기 때문에 불편하고 번거로웠어요. 이런 문제를 해결한 사람은 물리학자인 카를 페르디난트 브라운이었어요. 그 덕분에 디스크 없이도 움직이는 영상을 표시할 수 있는 전자식 텔레비전이 탄생할 수 있었어요.

이렇게 페르디난트 브라운이 음극선관(CRT: Cathode Ray Tube)을 개발하면서 전자 텔레비전 시대가 열리게 되었어요. 기계식 텔레비전에서 전자식 텔레비전으로 발전하는 데는 음극선관이 큰 역할을 했지요. 음극선관은 브라운의 이름을 따 '브라운관'으로 부르기도 해요. 한때 텔레비전을 '브라운관'이라고도 불렀는데, 그 이유를 이제 알겠죠?

우리나라에서는 1966년에 금성사(지금의 LG전자)에서 최초로 흑백 텔레비전을 만들었고, 이후 발전을 거듭해서 지금과 같은 크고 선명한 텔레비전이 우리 곁에 오게 되었어요.

전기 신호를 영상으로
구현하는 텔레비전

'눈으로 보는 것'과 '화면으로 보는 것'

텔레비전은 어떻게 멀리서 벌어지는 일을 화면으로 보여 줄 수 있을까요? 놀랍게도, 우리의 눈과 텔레비전의 작동 원리는 매우 비슷해요. 우리 눈은 사물을 어떻게 보는 걸까요? 멀리 있는 꽃을 본다는 것은 꽃을 비춘 빛이 눈으로 들어온다는 거예요. 그 빛이 눈의 수정체를 거쳐 망막에 도달해 상을 맺은 다음, 전기 신호로 바뀌어 시각 신경을 타고 대뇌로 전달되어요. 그때 비로소 우리는 '아, 꽃이구나.' 하고 알게 되는 거죠.

텔레비전 작동 원리도 이와 비슷해요. 지구 반대편에 있는 꽃을 텔레비전으로 보려면 먼저 카메라가 영상을 찍어야겠죠? 이 카메라가 눈의 수정체와 망막 역할을 하는 거예요. 카메라 렌즈(수정체 역할)가 꽃을 바라보면, 빛에 의해 카메라의 촬상관(망막 역할)에 꽃의 영상이 담기게 되죠. 그러면 이 영상이 카메라의 촬상관에서 전기 신호로 바뀌어 텔레비전으로 전달돼요. 텔레비전 수상기는 이 전기 신호를 영상으로 만들어 화면에 나타내는 거고요. 이로써 우리는 지구 반대편의 꽃을 화면으로 볼 수 있는 거예요.

이처럼 '눈으로 본다'는 것과 '화면으로 본다'는 것의 원리는 같아요. 망막에 맺힌 꽃의 영상이 전기 신호로 바뀌어 대뇌로 전달될 때 인식할 수 있는 것처럼, 카메라가 촬영한 꽃의 영상을 전기 신호로 바꾸어 텔레비전에 전달하면 화면으로 보게 되는 것이니까요. 결국 눈과 카메라, 텔레비전의 작동 원리는 같아요. 눈도, 텔레비전도 멀리 있는 것을 볼 수 있게 해 주니까요.

텔레비전은 전기 신호를 어떻게 영상으로 만들까?

멀리 있는 것을 눈앞에 있는 것처럼 볼 수 있는 이유는 텔레비전이 전기 신호를 영상으로 만들 수 있기 때문이에요. 그러니까 텔레비전은 전기 신호를 영상으로 재생시키는 장치라고 말할 수도 있어요. 이제 궁금증이 하나 더 생기죠. 텔레비전은 어떻게 전기 신호를 영상으로 나타낼까요?

텔레비전은 브라운관, LCD, PDP, LED, OLED 등 여러 종류가 있어요. 여기서는 전통적 텔레비전 방식인 브라운관 형을 알아보도록 해요. 브라운관 텔레비전은 지금과 같은 납작한 평면 텔레비전이 등장하기 전까지 오랫동안 사용된 것으로, 화면 뒤가 볼록하게 튀어나온 형태예요.

브라운관 텔레비전은 크게 화면(유리), 형광체, 전자총으로 구성되어 있어요. 이 중 우리가 볼 수 있는 건 텔레비전 화면뿐이죠. 형광체와 전자총은 텔레비전 안쪽에 있으니까요. 텔레비전을 분해하면, 딱딱한 유리 화면 뒤로 빨강, 파랑, 녹색 세 종류의 형광체가 있어요. 그리고 그 뒤에 전자총이 있지요.

자, 이제 녹색 줄기에 빨간 꽃잎의 장미가 파란 바다에 둥둥 떠 있는 영상을 카메라가 찍었다고 생각해 봐요. 이 영상이 전기 신호로 변환되어 텔레비전으로 들어오면 전자총이 엄청나게 많은 전자를 쏴요. 그 전자가 전기 신호화된 영상 정보에 맞춰 세 가지 색의 형광체를 때리죠. 바다 부분은 파란색, 줄기 부분은 녹색, 꽃잎 부분은 빨간색 형광

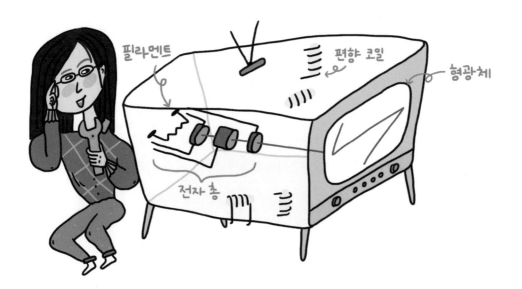

체를 때리는 거예요. 전자가 형광체를 때리면 빛을 내게 되는데, 이로써 파란색, 녹색, 빨간색 빛을 띠게 되는 거예요.

좀 이상하죠? 텔레비전 화면에는 파랑, 녹색, 빨강 말고도 수많은 색이 보이잖아요? 놀랍게도 이 세 가지 색깔을 조합해 모든 색깔을 다 만들 수 있어요. 전자가 이 세 가지 색깔의 형광체를 적절하게 때려서 우리 눈에 다양한 색깔로 보이게 되는 거예요. 마치 파랑, 녹색, 빨강 물감을 적절한 비율로 섞어서 여러 가지 색깔을 얻을 수 있는 것과 같은 원리죠. 그래서 텔레비전의 형광체는 파랑, 녹색, 빨강 세 종류인 거예요.

텔레비전 화면은 점들의 집합

'전자총'이 쏜 전자가 '형광체'를 때려 빛을 내게 되면 눈에 보이기는 하지만 그건 그저 파란색, 녹색, 빨간색 불빛일 뿐이죠. 그것이 파란 바다에 떠 있는 장미로는 보이지 않아요. 이제 텔레비전의 '화면'에 대한 비밀을 이야기해야 할 것 같네요.

텔레비전 화면을 정지하면 한 장의 그림처럼 보이죠? 흔히 그 그림들이 연속적으로 보이면서 잔상 현상을 일으키기 때문에 움직이는 영상으로 보인다고 생각할 거예요. 영화나 애니메이션은 실제로 이런 사진들의 잔상 현상으로 영상을 표현하죠.

하지만 텔레비전은 달라요. 텔레비전 화면 앞에 바짝 다가가서 살펴보면 미세한 점들이 보일 거예요. 텔레비전 화면은 수많은 점들의 집

합이에요. 점들이 모여 한 장의 그림처럼 보이는 효과를 내는 거죠. 이제 텔레비전 화면이 '바다 위에 떠 있는 장미'를 어떻게 보여 주는지 알 수 있어요. 전자가 형광체를 때려 생긴 파랑, 녹색, 빨강 불빛이 있었죠? 그 불빛이 텔레비전 화면의 하나하나의 수많은 점들로 들어가는 거예요.

바다를 표현하는 점에는 파란 불빛, 줄기를 표현하는 점에는 녹색 불빛, 꽃잎을 표현하는 점에는 빨강 불빛이 들어가죠. 각자의 색깔 빛을 내는 수많은 점들이 모였을 때 '바다 위에 떠 있는 장미'를 보게 되는 거죠. 아직 이해하기 어렵다면, 하얀 스케치북에 파랑, 녹색, 빨강 색연필로 수없이 점을 찍어서 그림을 그린다고 생각하면 될 거예요.

영상은 점·선이 만드는 예술

하지만 여전히 의문이 남아요. 그림(장면)은 영상이 아니잖아요. 텔레비전에서 우리가 보는 건 '바다 위에 떠 있는 장미'가 아니라 '바다 위에서 떠다니는 장미', 즉 영상이잖아요. 이 질문에 답하기 전에 우선 '점'들이 모이면 '선'이 된다는 사실에 주목해야 해요. 우리가 보는 텔레비전 화면이 가로로 1천 개, 세로로 750개의 점으로 이뤄져 있다고 가정해 봐요.

텔레비전의 전자총은 가로로 첫 번째 점부터 1천 번째 점까지 순차적으로 쏴요. 같은 방식으로 세로 방향도 순차적으로 쏘죠. 그러면 점들에 불빛이 들어오고 결국 점들이 이어진 가로세로 선이 빛을 띠게 되죠. 이런 과정을 통해서 한 장면이 만들어져요. 그런데 이 과정이 계속 반복된다면 어떨까요? 전자총이 끊임없이 가로세로 방향의 선을 따라 전자를 쏘는 거죠.

그러면 점들이 이어진 선의 색깔이 계속 변화해요. 우리 눈은 그 변화를 따라갈 수 없어서 움직이는 것처럼 봐요. 그러니까 선들의 색깔이 변화하면서 '바다에 떠다니는 장미'로 보이는 거죠.

간혹 텔레비전의 화면에 선이 생기는 걸 볼 수 있어요. 그건 텔레비전이 고장 나서 그 한 줄이 자신이 나타내어야 할 색깔을 구현하지 못

해서 일어난 일이에요.

현재는 이런 브라운관 방식은 거의 사용되지 않아요. 지금은 PDP, LCD, LED, OLED 등의 텔레비전이 많이 이용되지요. 이것은 화면의 재질이 무엇인지, 형광체에 빛을 어떻게 내는지에 따라 종류가 구분되는 거예요. 화면 재질이 액체이면 LCD 텔레비전, 두 장의 패널 사이에 기체를 채운 PDP 텔레비전, 빛을 내게 하는 것이 전자총이 아니라 LED면 LED 텔레비전인 거죠. 하지만 전기 신호를 영상으로 만드는 텔레비전의 본질적인 작동 방식은 거의 비슷해요.

텔레비전을 제대로 즐기는 좋은 방법은 뭘까요?

한때는 텔레비전을 '바보상자'라고 부르기도 했어요. 공부를 하지 않고 텔레비전만 보면 어리석은 사람이 된다는, 뭐, 그런 의미였죠.

하지만 그 말은 틀렸어요. 텔레비전을 보고 자라서 바보가 된 사람은 거의 없으니까요. 그건 아마도 친구들과 함께 만화 영화를 보고, 가족들과 함께 드라마를 보면서 이런저런 이야기를 나누었기 때문일 거예요.

그런 대화를 통해 꿈도 생기고, 더 알고 싶은 것들도 생겨났죠. 텔레비전은 이렇게 우리에게 더 큰 세계로 가는 징검다리가 되어 주었어요.

하지만 요즈음은 어떤가요? 이제 친구나 가족들과 함께 텔레비전을 보는 것은 드문 일이 되지 않았나요? 요즘은 스마트폰, 노트북, 태블릿 같은 '자신만의 텔레비전'을 보는 경우가 더 많죠. 친구나 가족들과 함께 있어도 각자의 텔레비전에 빠져 있으니까요. 서로 흥미를 가진 프로그램도 다르고 프로그램의 종류도 너무 많기 때문에 예전처럼 한 프로그램을 온 가족이 같이 즐기기는 어렵지요.

그런데 문제는 우리가 사람이 아니라 기계와 많은 시간을 보내게 되면서, 간혹 다른 사람과 대화를 나누는 데 어려움을 느끼거나 서로의 감정을 공유하지 못해 외로움에 빠지기도 한다는 거예요. 사람들이 즐기기 위해 만든 텔레비전이 오히려 사람들을 외롭게 만드는 거죠.

이렇듯 기술은 우리에게 편리함만 가져다주는 건 아니에요. 기술을 어떻게 사용하느냐에 따라 매우 다른 결과를 가져오기도 하거든요. 텔레비전이 주는 진짜 재미는 보는 것 자체가 아닐지도 몰라요. 텔레비전 프로그램을 함께 보고 가족이나 친구들과 와글와글 이런저런 이야기를 나눌 수 있을 때 텔레비전이 주는 진짜 재미를 알게 되기도 하니까요.

5장 우리를 웃기고 울리는 마법의 구슬 – 텔레비전

6장

빨래터의 추억
- 세탁기

집안일의
수고로움을 덜다

우리 집은 주말이면 세탁기를 돌려요. 세탁기 안에는 일주일 동안 온 가족이 벗어 놓은 옷이며 수건이 한가득이죠. 그런데 쌓인 빨래를 돌리려 전원을 켰는데 반응이 없네요. 세탁기가 고장이 나 버린 거예요. 꽤 오래 사용했으니 그럴 만도 했어요. 주말 오후라 서비스 센터도 연락이 안 되어 어쩔 수 없이 꼭 필요한 옷가짐 손빨래를 하기로 했어요.

욕실에 쭈그리고 앉아 손으로 빨래를 하려니 이만저만 힘이 드는 게 아니었어요. 옷에 묻은 얼룩을 비비고 여러 번 헹구는 것은 물론 물기까지 깔끔히 짜내려니 초겨울인데도 목덜미에서 땀이 흐를 지경이었죠. 세탁기가 없던 시절에는 어떻게 빨래를 했을까 생각하자 새삼스럽게 세탁기가 고마웠어요.

세탁기를 사용하면서 집안일에 들이는 시간은 크게 줄었어요. 전원을 켜고 세제를 넣고 버튼만 누르면 1시간 뒤쯤 깨끗이 세탁을 끝내 놓으니까요. 그 시간에 다른 집안일을 할 수도 있고 여유롭게 쉴 수도 있지요. 세탁기는 이처럼 많은 사람들의 삶을 윤택하게 해 주었어요.

세탁기의 역사

수천 년 동안 이어져 온 세탁법을 살펴보면 최초의 세탁기가 무엇이었는지 추론해 볼 수 있어요. 하나는 강가에서 빨랫감을 물에 적셔 바위에 두드리거나 주무르는 방법이고, 다른 하나는 빨랫감을 넣은 자루를 급류에 담가 매달고 끄는 방법이에요. 그러니까 최초의 세탁기는 옷을 깨끗이 하는 데 사용된 바위나 돌 혹은 자루였을 거예요.

이후 잿물이나 쌀뜨물, 비누 등이 세제로 활용되었고, 방망이나 빨래판 같은 도구가 사용되며 세탁 방식도 서서히 진화했지요. 하지만 물을 길어 나르고, 빨랫감을 손으로 문지르고 방망이로 두들기는, 이런 고된 세탁 방법은 20세기까지 이어졌어요.

최초의 기계식 세탁기는 1782년 영국인 헨리 시지어에 의해 탄생했어요. 이것은 나무 물갈퀴를 회전시켜 세탁하는 장치였죠. 하지만 이 세탁기는 빨래판과 방망이를 사용하는 것과 크게 다르지 않았어요. 세탁을 하기 위해 회전시켜야 하는 물갈퀴의 손잡이를 직접 사람이 돌려야 했기 때문이에요. 번거롭고 고되기는 마찬가지였죠.

그 뒤 1851년 제임스 킹이 회전하는 빨래통(드럼식 세탁기의 원조)을 개발했고, 1858년에 해밀튼 스미스가 거꾸로 회전하는 빨래통을 선보였죠. 하지만 이때까지도 세탁기를 가전 제품이라고 말할 수는 없었어요. 가전 제품은 말 그대로 '가정에서 쓰는 전기 제품'인데, 당시만 해도 함부로 전기를 사용할 수 없었거든요. 물과 함께 사용해야 하는 세탁기에 전기를 사용하면 누전으로 고장이 나거나 심지어 감전으로 사람이 다칠 수도 있었기 때문이었죠.

전기세탁기를 누가 처음 발명했는지에 대해서는 아직 정확히 결론 나지 않았어요. 하지만 가장 널리 알려진 것은 앨바 피셔의 전기세탁기예요. 1908년, 미국의 '헐리'라는 회사에서 일하던 앨바 피셔는 사람의 손이 아니라 전기로 돌아가는 세탁기를 만들었어요. 누전과 감전의

위험으로부터 자유로우면서도, 안전하게 전기를 사용할 수 있었지요. 뿐만 아니라, 세탁 기능을 하나의 통에 담은 형태였어요. 지금의 세탁기와 가장 비슷한 모습의 세탁기지요.

하지만 이때까지만 해도 세탁기와 탈수기는 분리되어 있었어요. 그래서 탈수기만 따로 판매하기도 했지요. 1940년대 접어들면서, 세탁과 탈수가 한곳에서 해결되는, 자동화된 세탁기가 등장했어요. 우리나라 최초의 세탁기는 1969년 '백조'라는 이름으로 금성사에서 만든 것이에요.

물살의 힘과 낙차를 이용한
세탁기

과연 세탁기는 어떤 원리로 옷감의 때를 빼는 걸까요? 세탁기의 작동 원리를 알려면 먼저 세탁기의 구조를 살펴봐야 해요.

손빨래와 세탁기의 작동 원리는 똑같아요

세탁기는 크게 전동기, 기계부, 제어부, 배수 장치로 구성되어 있어요. 이것을 사람이 손빨래를 하는 것과 비교해서 설명하면 '전동기'는 사람의 팔이에요. 사람이 팔 힘으로 빨래를 하듯이, 전동기(모터)는 빨래하는 힘을 발생시키는 역할을 해요. '기계부'는 사람의 손이에요. 사람의 팔 힘이 손으로 전달되어 빨랫감을 문지르듯 전동기의 힘이 기계부로 전달되어 세탁을 가능하게 하죠.

'제어부'는 사람의 머리예요. 빨래를 하면서 머릿속으로 비누칠을 세 번, 헹구기는 네 번 해야겠다고 생각하듯이, 제어부(조작판)는 미리 입력된 세탁 과정을 조정하는 역할을 해요. '배수 장치'는 세탁기에 물을 넣고 빼는 장치예요. 사람이 빨래를 하기 위해 물을 받고 쏟아 버리는 것이 세탁기의 배수 장치 역할을 하는 셈이죠.

현대의 세탁기는 종류에 따라 작동 원리가 조금씩 달라요. 세탁하는 방식에 따라, 회전 빨래판식(펄세이터식), 봉세탁식(아지테이터식), 원통형(드럼식)으로 분류할 수 있어요. 엄밀히 말해, 이 분류는 기계부의 차이일 뿐 전동기, 제어부, 배수 장치는 거의 비슷해요. 전동기에 의해 만들어진 힘이 빨랫감으로 전달되는 방법(기계부)의 차이에 의해 세 종류가 구분되는 거죠.

회전 빨래판식은 세탁기 밑부분에 있는 회전 날개가 회전하면서 만들어지는 물살을 이용해 세탁을 하고, 봉세탁식은 세탁통 가운데 자리한 봉이 회전하면서 세탁을 해요. 원통형은 드럼(원통) 자체를 회전시켜 빨랫감이 떨어지는 힘을 이용해 세탁하는 거예요. 여기서는 가장 널리 사용되고 있는 두 방식인 회전 빨래판식과 원통형에 대해서 알아보도록 해요.

'통돌이' 회전 빨래판식 세탁기

수천 년 동안 이어져 온 두 가지 세탁 방법이 있어요. 빨랫감을 두들기는 방법과 빨랫감을 넣은 자루를 물속에서 끄는 방법.

이 두 방법으로 회전 빨래판식과 원통형 세탁기의 작동 원리를 설명할 수 있어요. 회전 빨래판식 세탁기는 빨랫감을 넣은 자루를 물속에서 끄는 것과 원리가 유사해요.

빨랫감을 넣은 자루를 물속에서 끌면 왜 세탁이 될까요? 물살을 이용해 더러워진 때를 빼내기 때문이죠. 이 세탁 방법이 강가보다 바다에서 이루어진 이유도 그 때문일 거예요. 강보다 바다가 물살이 더 세니까요. 우리는 회전 빨래판식 세탁기를 흔히 '통돌이'라고 부르죠. 이것은 반은 맞고 반은 틀린 이야기예요. 회전 빨래판식은 통만 도는 게 아니라, 통 바닥인 빨래판도 돌거든요.

세탁통의 바닥에는 회전 날개가 있는데 1분에 약 300∼400번 회전하면 원심력에 의해 강한 물살이 만들어지죠. 이 물살의 마찰로 빨랫감의 찌든 때가 깨끗해지는 거예요. 오랜 옛날 빨랫감이 든 자루를 물속에서 끌고 다니면서 만들었던 물살을 이제 세탁기 안에서 직접 만들게 된 셈이죠. 세탁통은 바닥의 회전 날개와 반대 방향으로 회전해요. 그래야 더 강력한 물살이 생기거든요.

이처럼 회전 빨래판식은 강한 물살의 마찰력으로 빨랫감을 '비벼서' 세탁하는 방식이에요. 그래서 세탁 효과가 크죠. 부피가 큰 빨래도 할 수 있고, 비교적 짧은 시간에 세탁할 수 있는 장점이 있어요. 하지만 물살로 세척하는 방식이라 물을 많이 사용해야 하고, 강한 마찰력 때문에 빨래가 엉키거나 옷감이 손상될 수도 있지요.

빨래가 보이는, 원통형 세탁기

우리가 흔히, '드럼(원통)' 세탁기라고 부르는 것이 원통형 세탁기예요. 이 세탁기는 바위에 빨랫감을 때리거나 돌로 빨랫감을 두들기는 방법과 작동 원리가 같아요. 바위에 빨랫감을 때리면 왜 세탁이 될까요? 때릴 때의 힘으로 옷의 찌든 때가 빠지기 때문이에요. 원통형 세탁기의 작동 원리도 이와 같아요.

'통돌이'와 '드럼식' 세탁기의 겉모습이 다른 점은 빨랫감이 보이는지, 아닌지예요. '통돌이(회전 빨래판식)' 세탁기는 빨랫감을 넣는 문이 위쪽에 있고, 드럼식(원통형)은 앞쪽에 있으니까요. 쉽게 말해 통돌이는 통이 세워져 있는 형태고, 드럼식은 통이 눕혀져 있는 형태죠.

드럼식 세탁기는 통을 눕힌 채로 회전시키는데 여기에 원통형 세탁기의 비밀이 숨어 있어요.

통을 눕힌 채로 회전시키면 어떤 일이 벌어질까요? 바닥에 있는 빨랫감이 원심력 때문에 원통을 따라 위쪽으로 따라 올라가다 중력에 의해 다시 떨어지는 상황이 반복되지요. 이때 빨랫감은 충격을 받아요. 이런 반복된 충격으로 때를 빼는 거예요. 과거에는 빨랫감을 바위에 직접 때렸다면, 이제는 회전하는 원통을 이용해 자동적으로, 반복적으로 때리는 셈이죠.

원통형 세탁기는 빨랫감이 떨어질 때 발생하는 '두들김'에 의해 세탁하기 때문에 물 사용량이 적고 빨랫감에 손상이 거의 없어요. 또 물을 뜨겁게 하여 세탁할 수 있기 때문에 찌든 때를 제거할 수 있지요. 하지만 원통형은 회전 빨래판식에 비해 세탁 시간이 오래 걸리고, 이 때문에 전기 사용량도 많아요.

스팀 세탁기와 무세제 세탁기

물살의 마찰로 비벼서 세탁하는 '통돌이'든, 낙차를 이용해 두들겨서 세탁하는 '드럼식'이든 빨래를 깨끗이 해 주기는 하지만 결국 모두 환경을 오염시켜요. 세탁기를 돌리기 위해 많은 전기 에너지를 사용해야 하고, 물 사용량도 많고, 적지 않은 화학 세제를 사용해야 하거든요.

이런 환경 오염 문제를 해결하기 위해 등장한 세탁기가 있어요. 스팀 세탁기와 무세제 세탁기예요.

스팀 세탁기는 세제수(세제를 녹인 물)와 98℃의 뜨거운 수증기(스팀)를 스프레이처럼 뿌려서 세탁하는 방식이에요. 세제수로 세탁물을 적신 뒤 스팀으로 때를 불려서 깨끗이 하는 방식이죠. 이 방식은 세탁력이 높을 뿐만 아니라 물과 전기를 절약할 수 있어요. 하지만 스팀 세탁기도 결국 세제를 사용하기 때문에 환경 오염을 완전히 피할 수는 없지요.

그래서 등장한 것이 무세제 세탁기예요. 무세제 세탁기는 말 그대로 물만 사용하고, 다른 세제는 전혀 사용하지 않아요. 물은 전기를 이용해, 물보다 작은 이온들로 분해할 수 있는데(이를 물의 '전기분해'라고 하지요.) 이 이온들이 빨랫감의 오염 물질을 분해하거나 살균하는 거예요. 이런 원리를 이용한 세탁기가 무세제 세탁기랍니다. 무세제 세탁기 안쪽에는 특수 전기분해 장치가 달려 있어요. 여기서 이온수를 만들지요. 이온수가 때를 빼 주는 것이어서 세제를 쓸 때보다 헹굼 횟수가 적어요. 현재 많이 사용하고 있지는 않으나 친환경 제품인 무세제 세탁기가 기술 보완으로 널리 보급되었으면 좋겠어요.

7장

차원이 다른 시원함
- 에어컨

패러데이의
암모니아 압축 기술

한여름 장마철이었어요. 무더위를 피해 보려고 부채질을 하고 선풍기를 세게 틀어도 소용없었어요. 찬물로 샤워를 해도 그때뿐이었고요. 공부를 하려고 책상에 앉으면 목에서 땀이 흘렀고 엉덩이는 금방 축축해졌어요. 덥고 습한 불쾌감으로 짜증이 났어요. 그때 전화벨이 울렸지요.

"우리 집에 놀러 와."

같은 동네에 살던 친구였어요. 잘 됐다 싶어 저는 친구 집으로 달려갔어요.

그런데 친구네 집 문을 열고 들어가는 순간 깜짝 놀랐어요. 선선하고 시원한 공기가 청량감을 주었기 때문이에요. 습하고 더운 불쾌감이 순식간에 사라져 버렸어요. 땀을 언제 흘렸냐는 듯 피부는 뽀송뽀송해졌어요. 마치 다른 나라에 온 것 같은 느낌이었죠. 거실 한쪽에는 하얀색 에어컨이 놓여 있었어요.

지금도 무더운 여름이면 그때 친구 집에서 처음 느꼈던 하얀색 에어컨의 시원한 바람이 생각날 정도예요. 역시 첫 기억은 이렇게 강렬하네요.

환자의 열을 떨어뜨리기 위해 만들어진 얼음 기계

에어컨의 역사는 생각보다 오래되었어요. 지금의 에어컨과는 많이 다르지만 고대 로마에도 에어컨과 유사한 것이 있었어요. 로마인들은 더운 여름, 집을 시원하게 하기 위해 벽 뒤에 수도관을 설치해 그곳에 찬물이 흐르게 했지요. 여름날 마당에 물을 뿌리면 시원해지는 원리를 이용한 거예요.

2세기쯤 중국에도 에어컨과 비슷한 장치가 있었어요. 하지만 지금 우리가 보는 선풍기와는 달랐어요. 날개 하나가 3m나 되는 커다란 선풍기를 연못 주위에 설치해 시원한 바람이 집 안으로 들어오게 했거든요. 지금으로 설명하자면, 일종의 초대형 냉풍기라고 말할 수 있겠네요.

하지만 이런 것들은 너무 먼 옛날의 일이라 지금의 에어컨과는 작동 원리도, 기능도 너무 다르죠. 지금과 비슷한 에어컨이 등장했던 것은 1800년대였어요. 영국의 과학자 마이클 패러데이가 에어컨 기술 발전에 큰 기여를 했죠. 패러데이는 압축시킨 액체 암모니아가 기체가 될

때 주변 공기를 차갑게 변화시킨다는 사실을 발견했어요. 이것은 최초로 냉각 기술을 발견한 것이었지만, 암모니아의 독성 문제 때문에 직접적으로 에어컨에 사용하지는 못했어요. 하지만 현대의 모든 냉각 기술은 패러데이의 이 기술에 기초하고 있어요.

이후 1842년, 의사였던 존 고리가 패러데이의 압축 기술을 이용해 얼음을 만드는 데 성공했어요. 존 고리는 말라리아에 걸린 환자의 열을 떨어뜨리기 위해 이 기술을 개발했어요. 암모니아 대신 공기를 압축해서 냉각하는 압축식 공기 냉동기를 개발한 거예요. 이로써 패러데이의 암모니아 독성 문제도 해결할 수 있었고 진정한 냉각 기술의 시

대가 열리게 되었어요. 그리고 이 같은 냉각 기술의 발전을 바탕으로 지금과 같은 현대식 에어컨을 만든 사람은 윌리스 캐리어예요.

캐리어는 1900년대 초, 어떤 인쇄소로부터 높은 습도와 열 때문에 잉크가 번지고 종이가 변형되는 문제를 해결해 달라는 요청을 받았어요. 당시 캐리어는 일정 공간을 데우는 데 필요한 열의 양을 정확하게 측정해 효율적인 난방 장치를 개발하는 데 성공한 상태였지요.

캐리어는 난방 기술을 거꾸로 응용해 온도와 습도를 낮추는 기구를 만들었어요. 난방 장치의 거대한 코일에 뜨거운 물 대신 차가운 물을 흘려 보내 주위 공기를 냉각시켜 온도를 떨어뜨리고 습기를 없애는 방식이었죠. 이 성공적인 발명을 토대로 캐리어는 1906년에 '공기 처리 장치'를 만들고 특허를 받았어요. 이것이 에어컨의 시작이었지요.

그 이후 에어컨은 사무실, 호텔, 병원 같은 건물에 설치되었고, 시간이 지나면서 가정에서도 사용할 수 있게 되었어요. 눈치챈 사람도 있겠지만, 지금 에어컨을 만드는 회사 중에 '캐리어'라는 이름의 회사가 있어요. 이 회사는 윌리스 캐리어의 이름을 딴 거예요.

기화열이 가진 비밀,
에어컨

에어컨은 실내를 시원하게 하는 장치가 아니에요

먼저 알아야 할 것은 '에어컨'이란 단어예요. '에어컨'이란 말만 들어도 시원한 느낌이 들지요? 아마도 '에어컨'이 실내를 시원하게 하는 장치라고 생각해서일 거예요. 하지만 이것은 잘못 알고 있는 거예요. 에어컨은 '에어컨디셔너(air conditioner: 공기 조절 장치)'의 준말이에요. 그러니까 에어컨은 '시원하게 해 주는 장치'가 아니라 '공기의 상태를 조절해 주는 장치'라고 말해야 하는 거죠.

쉽게 말해, 겨울에도 에어컨을 사용할 수 있다는 뜻이에요. 바깥 공기가 너무 더울 때 실내를 시원한 공기로 조절하는 것처럼, 바깥 공기가 너무 차가울 때는 따뜻한 공기로 조절할 수 있으니까요. 에어컨은 덥든 춥든 인간이 가장 쾌적하게 느끼는 공기의 상태(온도와 습도)를 유지하게 해 주는 장치인 거죠.

에어컨은 뜨거움을 퍼내는 것

흔히, 에어컨을 틀면 시원한 바람이 나오는 것이라고 생각하죠. 실제로도 그런 것 같고요. 에어컨 앞에 서 있으면 시원한 바람이 쏟아져 나오니까요. 하지만 아니에요. 에어컨의 기본적인 작동 원리는 시원함이 나오는 것이 아니라 뜨거움을 퍼내는 거예요. 예를 들어 볼게요.

집 안과 집 밖에 물통이 각각 하나씩 있다고 해 봐요. 각각의 물통은 물이 반씩 채워져 있어요. 집 안의 물을 퍼서 집 밖으로 내보내면 어떻게 될까요? 당연히 집 안에 있는 물통의 물은 줄고, 집 밖에 있는 물통의 물은 늘겠죠. 자, 이제 각각의 물통에 있는 물을 온도라고 생각해 봐요.

에어컨은 집 안에 있는 물통의 물(온도)을 집 밖의 물통으로 끄집어내는 장치예요. 한여름에 에어컨을 켜지 않으면, 집 안이나 밖이 모두 30℃ 정도로 거의 비슷해요. 그때 에어컨을 켜면 집 안의 뜨거움을 밖으로 퍼내서 집 안이 시원해지는 거예요. 이것이 에어컨의 작동 원리예요. 그래서 에어컨은 공학적으로 '열펌프(heat pump)'라고 말하기도 해요. 펌프가 물을 퍼내는 것처럼, 열펌프(에어컨)는 열을 퍼내는 역할을 하니까요.

에어컨은 열은 어떻게 퍼내나요?

　　물이야 펌프나 바가지를 사용해서 퍼낼 수 있지만 눈에 보이지도, 만질 수도 없는 열(온도)을 어떻게 퍼낼까요? 본격적인 설명을 하기 전에 약간의 과학적 지식이 필요해요. '기화열'이지요. '기화'는 액체가 기체로 변하는 것을 말해요.

　　여기서 중요한 것은 '기화'가 진행될 때는 주위의 열을 흡수한다는 사실이에요. '기화열'은 액체가 기체로 바뀌면서 흡수되는 열이에요. 알코올이 든 소독약이나 화장품을 팔에 발라 보면 쉽게 이해할 수 있어요. 알코올(액체)을 팔에 바르면 시원함이 느껴지죠? 이것은 액체(알코올)가 기체로 증발(기화)하면서 주위의 열을 흡수해 버렸기 때문이에요. 기화열을 '증발열'이라고 부르는 것도 이런 이유지요. '기화'한다는 것은 '증발'한다는 의미니까요.

그러니까 에어컨은 기화열을 이용해서 실내의 열을 외부로 퍼내는 장치예요. 즉, 에어컨은 액체가 기체화되는 과정에서 주위 열을 흡수하게 만들어 실내를 시원하게 만드는 거죠. 팔에 알코올을 바르는 것이 아니라, 온 집 안에 알코올을 뿌려 그 알코올(액체)이 증발(기체)하면서 집 안을 시원하게 만드는 거예요. 이게 어떻게 가능할까요?

에어컨 안에서 알코올과 같은 역할을 하는 물질을 냉매라고 해요. 에어컨에는 '압축기'라는 장치가 있는데, 이 압축기는 냉매(기체)를 전기적 에너지로 압축해서 액체로 만들어요. 정확히는 '액화'시켜요. 이 과정은 증발된(기체화된) 냉매를 전기 에너지로 응축시켜 액체 상태인 냉매로 만드는 과정이에요. 그러면 이제 기체(기체화된 냉매)가 액체(액체 상태인 냉매)로 만들어지죠.

에어컨의 비밀은 여기서부터예요. 에어컨 안에는 '증발기'라는 장치가 있는데 여기서 액체는 다시 기체로 만들어져요. '증발'시키는 거죠. 그때 액체가 기체가 되면서 '기화열'이 발생해요. 정확히는 에어컨 주변의 열을 흡수하는 거죠. 에어컨에서 시원한 바람이 나온다고 느끼는 이유는 액체가 기체화되면서 순간적으로 열을 흡수할 때 에어컨 안에 있는 팬(날개)이 돌면서 바람을 내보내기 때문이에요. 마치 알코올이 든 스킨을 팔에 바르고 입으로 불면 시원한 것과 같은 원리죠.

에어컨의 정확한 작동 원리는 '기체(냉매) → 액체 → 기체(냉매)'를 반복하는 거예요. 압축기에서 전기 에너지를 통해 '기체 → 액체'로 만들고, 증발기에서 다시 '액체 → 기체'로 만들면서 실내의 열을 흡수하는 것이죠. 이렇게 흡수된 열은 어디로 갈까요? 에어컨의 '실외기'라는 장치를 통해 바깥으로 내보내지게 되어요. 실외기 옆에 있으면 뜨거운 열기를 느낄 수 있는 이유가 그 때문이죠.

농촌보다 도시가 더 더운 이유

우리에게 차원이 다른 시원함을 안겨 준 에어컨이지만 사실 에어컨은 전기를 굉장히 많이 쓰는 전자 제품이에요. 에어컨이 '기체(냉매)→액체'로 만드는 데는 많은 전기 에너지가 들거든요. 냉매는 평상시 온도에서는 기체로 존재하려는 성질이 있는데, 이를 전기 에너지를 사용해 억지로 액체로 만들어야 하기 때문이지요. 대략 에어컨 1대를 틀면 선풍기 30대를 돌리는 것과 같은 전기가 사용되어요. 그만큼 에어컨의 전력 소모는 크죠. 다른 가전제품과 마찬가지로, 전기를 많이 쓰는 제품은 환경에 안 좋은 영향을 미칠 수밖에 없어요.

또 한 가지 문제는 에어컨이 열펌프라는 거예요. 이 말은 에어컨으로 실내를 시원하게 하면 할수록 밖은 더욱 더워질 수밖에 없다는 뜻이죠. 한여름에 농촌보다 도시가 더 덥게 느껴지는 이유도 그 때문이에요. 아무래도 도시에서 에어컨을 더 많이 사용하니까요. 우리가 에어컨을 많이 틀수록 에어컨이 없는 공간은 더 더워지는 거죠. 우리가 지구라는 큰 집에서 모두 함께 시원하게 지내려면 에어컨을 꼭 필요할 때 최소한만 사용하는 지혜가 필요하답니다.

8장

비에 젖은 옷도
걱정 없어
- 건조기

교복 말리기의
추억

학교를 마치고 집으로 돌아가려는데 비가 오기 시작했어요. 우산이 없어서 어떻게 해야 할지 망설였죠. 친구가 말했어요.

"별로 안 오니까 그냥 뛰어가자. 너희 집은 멀지도 않잖아."

우리 둘은 가방을 가슴에 안고 뛰기 시작했어요. 그런데 곧 천둥이 치면서 빗줄기가 거세졌어요. 결국 집에 도착했을 때 교복은 비에 홀딱 젖어 있었지요.

그때는 교복이 딱 한 벌이었어요. 내일도 입고 학교에 가야 하는데 습도가 높은 장마철에 어떻게 빨리 교복을 말려야 할지 걱정이었지요. 교복을 옷걸이에 걸어 바람이 통하는 창 앞에 두었어요. 하지만 아침에 만져 보니 여전히 물기가 느껴졌어요. 학교에 가야 할 시간은 다가오고, 교복은 안 마르고…… 결국 헤어드라이어로 대강 말린 다음, 축축한 교복을 입고 학교에 갔던 기억이 떠오르네요. 지금도 그때만 생각하면 온몸이 다 꿉꿉해지는 느낌이에요. 이럴 때 요즘이라면 건조기를 사용하지요. 젖은 빨랫감을 건조기에 넣어 두면 한두 시간 뒤 뽀송뽀송하게 마른 옷을 입을 수 있으니까요. 이렇게 편리한 건조기는 어떻게 시작되었을까요?

건조기의 역사

건조는 인류가 옷을 입기 시작하면서 시작되었어요. '습기를 제거한다'는 뜻을 가진 건조에는 두 가지 방법이 있어요. '소극적 건조'와 '적극적 건조'예요.

'소극적 건조'는 쉽게 말해 물을 짜는 거예요. 물이 흥건한 빨랫감을 두들기거나 짜서 물기를 없애는 것이죠. 이런 관점에서 보자면, 막 옷을 입기 시작한 원시 시대 사람들이 빨랫감의 물기를 제거하기 위해 썼던 도구들, 예를 들면 바위(두들김)나 나무 막대기(짜기) 등이 건조기의 역할을 한 셈이죠.

반면에 '적극적 건조'는 따뜻한 햇볕이나 바람으로 말리는 거예요. 빨랫감을 두들기고 짜는 것도 건조이기는 하지만 이 방식으로는 수분을 완전히 없애지 못하죠. 입을 수 있을 정도로 건조시키기 위해서는 더 적극적으로 수분을 없애야 해요. 우리가 사용 중인 옥상의 빨랫줄이나 베란다의 건조대도 건조기의 역할을 한다고 볼 수 있어요.

하지만 이들 모두 엄밀한 의미에서 건조하는 도구일 뿐이지, 동력을

사용해 건조하는 장치, 즉 '건조기'라고 할 수는 없죠.

서양에서는 19세기 후반 '롤 압착 탈수기'를 이용해 빨랫감의 물기를 제거했어요. 이게 무엇인지는 뒤에서 설명할게요. 하지만 이 탈수기는 불편하고 효율적이지 않아서 널리 사용되지 못했어요. 실제적인 의미의 최초 건조기는 세탁기의 등장과 더불어 발명되었던 '회전식 탈수기'라고 봐야 해요. 지금은 탈수가 세탁기의 한 기능으로 포함되었지만 그것은 1940년대가 지난 다음의 일이에요.

1940년 이전에는 세탁기와 별개로 탈수기만 따로 판매하기도 했어요. 우리나라에서도 1980년대 초반 '짤순이'라는 이름으로 판매되었죠. 짤순이(탈수기)도 '소극적 건조기'라고 할 수 있어요. 전기를 이용한 기계적 장치이기는 했지만, 짤순이에서 꺼낸 세탁물을 빨랫줄에 널어서 다시 말려야 했거든요. 그래도 사람의 힘으로 짜는 것보다는 훨씬 강력해서 빨랫감에서 물이 떨어지는 일은 없었어요.

이후 20세기 중반부터 미국, 캐나다, 서유럽 등에서는 열을 이용해 빨랫감을 말리는 '적극적 건조기'의 시대가 시작되었어요. 탈수한 뒤에 따로 말릴 필요가 없는 시대가 된 거죠.

우리나라에서는 '소극적 건조기'인 탈수기를 오래전부터 사용했지만, '적극적 건조기'는 세탁소나 영업장에서 주로 썼을 뿐 일반 가정에는 거의 보급되지 않았어요. 이후 2000년대에 접어들면서 세탁기와 적극적 건조기가 겸용된 제품들이 출시되기 시작했어요. 처음에는 전력 소모가 많아 별로 사용되지 않다가, 전력 문제를 개선한 건조기가 개발되면서 최근에는 가정에서도 많이 쓰고 있어요.

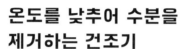

온도를 낮추어 수분을
제거하는 건조기

'짤순이'가 물을 짜는 법

　　먼저 소극적 건조기의 작동 원리부터 살펴봐요. 소극적 건조기는 탈수기예요. 여기에는 다시 두 가지 방식이 있는데, '롤 압착식 탈수기'와 '회전식 탈수기'지요.

　롤 압착식 탈수기는 두 개의 고무 롤 사이에 세탁물을 끼우고 롤을 회전시켜 물을 짜내는 방식이에요. 두툼한 밀가루 반죽을 롤 사이에 집어넣어 얇게 펴는 장면을 상상하면 이해가 쉬울 거예요. 손으로 쥐어짜는 탈수가 빨랫감의 수분을 30~40% 정도 짜낼 수 있다면, 롤 압착식 탈수기는 40~50% 정도 탈수가 가능해요. 손으로 짜는 것보다 편하지만, 탈수 효과가 그다지 좋은 편은 아니지요. 게다가 압착하는 과정에서 주름이 생기거나 옷감이 늘어나기 쉽고, 또 단추가 떨어지거나 깨지기도 해요.

널리 사용되는 탈수기는 회전식 탈수기예요. '짤순이'라 불렸던 탈수기는 원심력을 이용해 탈수를 했어요. 원심력은 회전 원운동을 하고 있는 물체가 밖으로 튀어 나가려는 힘이에요. 줄에 공을 매달아 돌릴 때 힘이 드는 건 원심력 때문이지요. '짤순이'는 바로 이 원심력을 이용한 장치예요.

회전식 탈수기 안에는 구멍이 뚫린 금속 용기가 들어 있어요. 이 용기에 축축한 빨랫감을 넣으면 모터가 용기를 1분에 1,000~3,000번 정도 회전시켜요. 그러면 강한 원심력이 발생해 빨랫감의 수분이 용기에 뚫린 구멍으로 빠져나가요. 줄에 빨래를 매달아 힘껏 돌리면 빨래의 물기가 사방으로 튕겨져 나가는 것과 같은 원리예요.

회전식 탈수기는 상대적으로 탈수 효과가 좋은 편이에요. 롤 압착식이 수분을 40~50% 제거한다면, 회전식은 60~80%까지 제거할 수 있어요. 또한 회전식은 주름이 생기거나 섬유에 손상도 적지요. 이런 장점들 때문에 1980년대 우리나라에서 '짤순이'는 없어서 못 파는 인기 제품이었지요. 요즘의 전기세탁기에 포함되어 있는 탈수 기능은 거의 모두 이 회전식 탈수 방식을 사용하고 있어요.

헤어드라이어와 같은 히터식 건조기

엄밀히 말하면 롤 압착식이든 회전식이든 소극적 건조기는 탈수기일 뿐 건조기는 아니에요.

빨랫감을 건조하려는 이유는 세탁을 끝낸 옷을 바로 입기 위해서잖아요? 그런데 소극적 건조만으로는 어렵지요. 덜 마른 옷과 양말은 입거나 신을 수는 없으니까요. 진짜 건조기는 꺼내 바로 입을 수 있을 정도가 되어야 하죠. 그렇다면 진짜 건조기는 어떻게 젖은 빨래를 말릴까요?

탈수기가 물리적 외력(압착, 회전)을 이용해 수분을 제거한다면, 건조기는 열을 이용해 수분을 제거하는 장치예요. 건조하는 데 사용되는 동력이 무엇이냐에 따라 가스식과 전기식으로 구분되지요. 요즘 널리 보급된 건조기는 대체로 전기식이에요.

전기식 건조기도 크게 두 종류로 나뉘어요. 히터식과 열펌프식이지요. 히터식 건조기 속에는 열선으로 처리된 히터가 있는데, 여기서 열을 발생시켜요. 이때 발생한 열이 회전하는 팬을 통해 더운 바람으로 건조기 안으로 들어가 젖은 빨랫감을 말리는 거예요.

히터식 건조기는 헤어드라이어로 젖은 양말을 말린다고 생각하면 쉽게 이해할 수 있어요. 헤어드라이어는 뜨거운 바람을 내어 젖은 양말을 말릴 수 있잖아요. 마찬가지로 히터식 건조기도 히터를 통해 전기 에너지로 열을 발생시키고 팬을 회전시켜 더운 바람을 불어서 빨랫감을 말리는 방식이에요. 그래서 히터식을 '직접 가열식' 건조기라고 말하기도 해요.

에어컨과 같은 열펌프식 건조기

그렇다면 열펌프식 건조기는 어떤 원리일까요? 이 방법은 최근 들어 가장 많이 사용되고 있는 건조 방식이에요. 저온으로 옷감 속의 습기만 빼는 거예요. 어떻게 가능할까요?

히터식 건조기가 헤어드라이어와 유사하다면, 열펌프식 건조기는 에어컨과 유사해요. 혹시 장마철에 빨랫감을 실내에 둔 채로 에어컨을 틀어 두고 잔 적이 있나요? 다음 날 아침 옷이 뽀송뽀송하게 말라 있던 경험이 있을 거예요. 어떻게 된 것일까요? 에어컨은 온도를 낮추는 장치이지만, 동시에 습기를 제거하기도 해요. 온도를 낮추면 자연스럽게 습기가 제거되기 때문이죠.

공기 중에는 항상 수분이 포함되어 있어요. 공기가 머금은 수분을 '수증기'라고 하죠. 중요한 것은 온도에 따라 공기가 최대로 머금을 수 있는 수증기(포화 수증기)의 양이 달라진다는 사실이에요. 온도가 내려가면 공기가 머금을 수 있는 수증기의 양이 줄어요. 남은 수증기는 물방울로 나타나죠. 얼음물이 든 컵 주위에 이슬이 맺히는 것도 그래서예요(이 것을 응결 현상이라고 해요.).

에어컨을 틀고 자면 빨래가 마르는 이유도 마찬가지예요. 에어컨이 방 안의 온도를 낮추었기 때문에 방 안의 습기(수증기)가 물로 응축되고 응축된 그 물은 에어컨에 연결된 호스를 통해 밖으로 나간 거죠. 이 과정을 통해 방 안의 습기가 제거된 거고요.

이 방식이 열펌프식 건조기가 빨랫감을 건조하는 방식이에요. 말하자면, 방이 건조기 통인 셈이죠. 조금 더 구체적으로 알아볼까요?

열펌프식 건조기에는 차가운 냉매와 뜨거운 냉매가 있어요. 건조기 통 안에 축축한 빨래가 있을 때, 먼저 뜨거운 냉매가 저온의 열을 가해 빨래에 포함된 수분을 수증기로 만들어요(증발). 그 뒤 차가운 냉매를 이용해 순간적으로 온도를 낮추면서 수증기를 물(습기)로 만들지요(응결). 그렇게 응결된 물(습기)을 외부로 빼내면서 빨랫감을 건조시키는 거죠.

열펌프식 건조기를 '저온 제습 건조기'라고 부르기도 하는데, 이제 그 이유를 알 수 있겠죠? 열펌프식은 히터식처럼 고온으로 건조시키는 것이 아니라, 저온으로 빨랫감의 습기를 수증기로 만들기 때문이에요. 열펌프식 건조기는 저온(50℃)으로 건조하기 때문에 에너지 효율도 좋고, 옷감 손상도 적어요.

편리함을 주는 제품들이 가져오는 환경 문제

최근 건조기가 큰 인기를 끌고 있다고 해요. 먼지도 없애 주고 빨래를 널어야 하는 수고도 덜어 주니까요. 하지만 탈수기든, 히터식이든, 열펌프식이든 건조기는 전기 에너지를 써야 해요. 특히나 건조기는 전력 소모량이 많은 편이죠. 그만큼 환경 파괴를 많이 한다는 뜻이기도 해요.

사실 우리는 이미 모두 사용할 수 있는 천연 건조기를 가지고 있어요. 선선한 바람, 따뜻한 햇볕 말이에요. 서양에서 건조기가 먼저 유행한 데는 이유가 있어요. 유럽의 경우 우중충한 하늘과 변덕스러운

날씨 등 기후 특성 탓에 빨래를 자연 상태에서 말리는 것이 힘들었거든요.

하지만 미국이나 캐나다의 경우는 좀 달라요. 이 지역에서는 빨래를 너는 것이 보기에 좋지 않다는 편견이 있어요. 그 때문에 미국의 많은 지역에서는 실외에 빨래를 너는 것을 법으로 금지하고 있기도 해요. 그런데 좀 이상하죠? 왜 빨래를 밖에 너는 것에 편견을 가지게 되었을까요? 어떤 도시들은 창밖에 널린 알록달록한 빨래 자체가 관광 포인트가 되기도 하는데요.

저는 빨래가 널린 풍경을 보면 다양한 사람들이 오늘도 열심히 살고 있구나 하는 생각에 뭉클할 때도 있었거든요. 어쨌든 밖에 널린 빨랫감을 보는 것이 불편하다고 해도 그 불편함보다는 환경 오염 때문에 아름다운 자연 경관이 파괴되는 것이 더 좋지 않을 것 같네요.

그런 의미에서 꼭 필요할 때 외에는 건조기 사용을 자제하는 것이 지혜로운 살림법이겠지요? 그리고 보니 오늘 저녁에는 깨끗이 빨아 햇볕에 바싹 말린 뽀송뽀송한 이불을 덮고 싶네요.

미세먼지 시대의 동반자
- 공기 청정기

맨해튼 프로젝트에서
시작된 공기 청정기

꽃가루 알레르기에 시달리는 친구가 있었어요. 봄이면 재채기를 달고
살았지요. 그 친구가 거의 유일하게 재채기를 하지 않는 곳은 자신의
방이었어요. 어떻게 가능했을까요? 봄은 사방에 꽃가루가 날리는 때
라 친구의 방도 예외가 아니었을 텐데 말이죠. 그 까닭은 친구의 방
에 있었던 네모난 모양의 기계 덕분이었어요. 바로 공기 청정기였죠.

　공기 청정기는 공기 속의 오염 물질을 정화해 깨끗한 공기로 바꿔 주
는 장치예요. 공기 청정기는 꽃가루뿐만 아니라 먼지, 반려동물의 털,
곰팡이, 담배 연기 등 인체에 유해할 수 있는 물질을 공기 중으로부터
없애 주지요. 요즘 큰 문제가 되고 있는 미세먼지 역시 공기 청정기를
통해 상당 부분 해결할 수 있어요.

공기 청정기의 역사

공기 청정기는 비교적 최근에 발명되었어요. 공기가 깨끗했던 시절에는 공기 청정기가 필요 없었으니까요. 공기를 정화하는 장치에 사람들이 관심을 가지기 시작한 것은 1800년대 즈음부터예요. 시초로 꼽히는 것은 1799년 독일의 과학자 알렉산더 폰 훔볼트가 개발한 유해 가스 차단용 마스크예요. 이 마스크는 광산업이 활발했던 당시 석탄을 캐는 광부들을 위해 만들어졌어요.

이후 1830년에는 공학자 찰스 앤서니 딘이 화재로 연기가 가득 찬 곳에서도 소방관이 깨끗한 공기를 마실 수 있는 헬멧을 발명했고 1860년대에는 존 스텐하우스가 목탄을 이용해 공기 정화가 가능한 호흡기를 개발했어요. 이것들이 최초의 공기 청정기였다고 볼 수 있어요.

1800년대의 이러한 공기 청정기는 공기를 깨끗하게 해 주기는 했지만, 지금 우리가 사용하는 공기 청정기와는 사뭇 달랐어요. 공간 자체의 공기를 깨끗하게 해 주는 것이 아니라 마스크 형태의 호흡기 장치였으니까요.

공기 청정기는 산업의 발달로 공기가 오염되면서 등장했어요. 본격적인 공기 청정기는 '맨해튼 프로젝트'로부터 시작되었다고 봐야 해요.

맨해튼 프로젝트는 제1차 세계 대전 이후, 미국 주도로 시작된 원자 폭탄 개발 계획을 말해요. 그런데 이 프로젝트에 심각한 문제가 발생했어요. 원자 폭탄 개발 과정에서, 당시 '죽음의 재'로 불렸던 인체에 매우 유해한 방사성 물질이 배출되었거든요. 이로 인해 맨해튼 프로젝트가 진행되는 작업장에는 엄격한 수준의 공기 정화가 필요했어요. 바

로 이 공기 정화 문제를 해결하기 위해서 '헤파(HEPA: High Efficiency Particulate Air)'라는 고성능 필터가 만들어지게 되었어요.

헤파 필터는 쉽게 말해, 주름 잡힌 종이(섬유)를 여러 겹 겹쳐 놓은 것이에요. 필터로 공기를 통과시켜 오염 물질을 정화하는 거죠. 지금도 헤파 필터는 공기 청정기에 사용되고 있어요. 이후 1963년 독일 클라우 함메스와 맨프레드 함메스 형제가 공기 필터링 시스템의 크기를 줄이는 데 성공하면서 작은 크기의 공기 청정기를 가정에서도 사용할 수 있게 되었지요.

우리나라에서는 공기 청정기가 1990년대 후반부터 이용되었어요. 현재는 필터식 말고도 이온식, 전기 집진식 등 다양한 방식의 공기 청정기가 사용되고 있어요.

필터 방식과
전기 방식

여과와 흡착으로 걸러 내는 필터식 공기 청정기

현재 사용되는 공기 청정기는 작동 원리에 따라 필터식과 전기식으로 구분할 수 있어요. 필터식 공기 청정기는 가장 보편적으로 사용하고 있는 방식이에요. 앞서 말한 헤파 필터 역시 필터식 공기 청정기에 쓰이지요.

필터식 공기 청정기는 세밀한 부직포인 필터가 공기 중 오염 물질을 '여과'하고 '흡착'함으로써 공기를 깨끗하게 해요. 여과는 '거르기'라고 생각하면 돼요. 입자의 크기 차이를 이용해 기체(혹은 액체)로부터 고체 입자를 분리하는 것이에요. 흡착은 '들러붙기'라고 보면 되지요. 고체의 표면에 기체(혹은 액체)의 입자들이 들러붙는 거예요. 필터식은 여과와 흡착을 이용해서 공기를 깨끗하게 하죠. 조금 더 구체적으로 살펴볼까요?

　필터식 공기 청정기는 선풍기나 에어컨과 같이 팬을 이용해 외부의 공기를 빨아들인 다음 필터를 거쳐 다시 배출하는 방식이에요. 이 과정에서 공기 중의 오염 물질이 필터 안에서 여과되고 흡착되어 공기가 깨끗해지는 거죠. 더러운 물이 거름종이를 통과해서 여과되듯, 필터로 더러운 공기의 오염 물질을 걸러 내거나(여과) 필터 표면에 공기 중에 있는 오염 물질을 들러붙게(흡착) 해서 공기를 깨끗하게 하는 거예요.

　필터식 공기 청정기의 대표적인 필터인 헤파 필터는 여과와 흡착을 통해 0.3마이크로미터(μm), 그러니까 머리카락 두께(60μm)의 200분의 1 정도의 미세 분진(먼지)까지 99.97% 제거할 수 있어요. 헤파 필터는 방사성 분진을 제거하기 위해 처음 개발되었지만 생활 속의 진드기, 바이러스는 물론 곰팡이까지 제거할 수 있어요. 이 때문에 공기 청정기뿐만 아니라 에어컨, 청소기 등에도 두루 쓰이지요.

필터 기술이 발전하면서 헤파 필터로도 여과와 흡착이 어려운 미세한 입자까지 깨끗이 할 수 있는 필터들이 개발되었어요. 이것을 울파 필터(ULPA: Ultra-Low Penetration Air)라고 해요. 울파 필터를 사용하면 0.12마이크로미터(μm) 이상의 입자를 99.999%까지 제거할 수 있어요. 이런 성능 때문에 울파 필터는 반도체 연구실이나 생명 공학 실험실의 클린 룸에서 사용하고 있어요.

이온화를 통한 전기식 공기 청정기

전기식 공기 청정기의 작동 원리를 한 마디로 설명하면, '방전에 의한 이온화'라고 할 수 있어요. '방전'과 '이온화'라는 단어가 좀 낯선데요, 먼저 '방전'부터 이야기해 볼게요.

우리는 종종 "휴대 전화 배터리가 방전됐어."라고 말하죠? 이 말은 충전된 전기를 다 썼다는 의미잖아요? 이것은 좁은 의미의 방전이에요.

그렇다면 여기서 질문이 있어요. 배터리 안에 있던 전기는 어디로 갔을까요? 충전된 배터리를 사용하지 않고 그냥 두었는데도 방전된 경험이 있을 거예요. 전기는 어디로 갔을까요? 공기 중으로 전류가 흘러간 거예요. 이것이 넓은 의미의 방전이에요. 공기는 절연체예요. 즉, 공기에는 전류가 통하지 않죠. 하지만 강한 자기장 아래서 공기 중에 전류가 흐르게 될 때가 있어요. 이 현상을 방전이라고 해요. 공기 중에 스파크(불꽃)가 튀거나 정전기가 발생하는 것도 방전의 사례지요.

'이온화'는 무엇일까요? 우리가 마시는 음료 중에 이온 음료가 있

9장 미세먼지 시대의 동반자 – 공기 청정기

죠? 이것은 음료에 이온이 녹아 있다는 의미예요. 이온 크기가 작아서 눈으로 보이지 않을 뿐이죠. 이처럼 물질이 물에 녹아서 양이온(+)과 음이온(-)으로 나누어지는 현상을 이온화라고 해요. 이온화가 되면 중성이었던 물질이 플러스(+)나 마이너스(-) 극성을 띠게 되죠. 이런 이온화가 물속이 아닌 공기 중에서 일어날 때가 있어요. 방전이 일어나면 이온화가 발생해요. 즉, 공기 중으로 전기가 흐를 때 양이온 혹은 음이온이 발생하게 되는 거죠.

이제 전기식 공기 청정기의 작동 원리를 좀 더 쉽게 이해할 수 있을 거예요. 전기식 공기 청정기 안에는 일정한 간격을 둔 두 개의 전극이 있어요. 이 전극에 고전압을 주어 전류를 흐르게 하면 어떤 일이 벌어질까요? 방전 현상이 일어나 공기 안에서 양이온 혹은 음이온이 발생

하는 이온화가 일어나죠. 이렇게 만들어진 플러스 혹은 마이너스 전하를 띠게 된 이온들이 공기 중의 입자(먼지 등의 오염 물질)와 만나면 그 입자 역시 플러스 혹은 마이너스 전하를 띠게 되어요. 그렇게 플러스 전하를 띠게 된 먼지는 마이너스 전극 쪽으로, 마이너스 전하를 띠게 된 먼지는 플러스 쪽으로 들러붙게 돼요. 이런 정전기적 끌어당김에 의해 공기 청정기 집진판에 먼지나 오염 물질이 모이게 되는 거죠.

　이해가 어렵다면, 정전기가 발생한 옷에 먼지가 달라붙는 모습을 떠올려 보세요. 옷장에 먼지가 많을 때 정전기가 계속 발생하는 옷을 넣어 두면 어떻게 될까요? 옷장 안의 먼지가 그 옷에 모두 들러붙어 옷장은 깨끗해지겠지요. 이처럼 전기식 공기 청정기는 두 전극에 고전압을 흘려 정전기가 계속 발생하는 옷을 만드는 거예요. 그리고 '방전에 의한 이온화'를 통해 공기를 깨끗하게 하는 거죠. 이런 전기식 공기 청정기를 '이온식 공기 청정기'라고 부르기도 해요.

　이 전기식 공기 청정기는 소비 전력이 적고, 조용하다는 장점이 있어요. 하지만 공기를 순환시키는 팬이 없어서 공기가 정화될 때까지 시간이 오래 걸리고 넓은 공간에서는 공기 청정 효과가 떨어지지요. 이런 단점을 극복하기 위해 전기식 공기 청정기에 팬을 달아 공기 순환이 잘 되게 만든 공기 청정기가 개발되기도 했어요. 이것을 '전기 집진식 공기 청정기'라고 해요.

　전기식 공기 청정기에 대해 하나 더 알아둘 것이 있어요. 전기식이든 전기 집진식이든, 이온화를 통한 공기 정화 방식은 오존과 같은 산화물을 어느 정도 발생시킬 수밖에 없어요. 오존은 공기 중의 유해 물질을 제거하는 살균 효과도 있지만 오존 농도가 너무 높으면 기침, 두통, 천식, 알레르기 등의 질환을 유발하기도 해요. 환경부에서 오존 농도를 관리하는 것도 그 때문이지요.

가장 좋은 공기 청정기

요즘처럼 미세먼지가 자주 발생하는 환경에서 공기 청정기는 매우 유용하죠. 하지만 환경적인 측면에서 보자면 공기 청정기는 에어컨과 마찬가지로 역설적인 가전제품이에요.

공기 청정기가 발명된 이유가 원자 폭탄을 개발하기 위한 작업장의 공기 오염을 막기 위해서였잖아요? 그런데 아이러니하게도 원자 폭탄이야말로 지구에 어마어마한 공기 오염을 가져오는 무서운 무기였죠.

공기 청정기라는 이름의 기계가 없던 시절에도 집 안 공기를 깨끗하게 하는 방법은 있었어요. 아침이면 눈부신 햇살을 맞으며 창문을 활짝 열어 집 안의 공기를 환기하는 거죠. 그때 청량하고 상쾌했던 공기는 지금의 공기 청정기와 비할 바가 못 되었죠. 가장 좋은 공기 청정기는 필터식도 전기식도 전기 집진식도 아니에요. 창문을 활짝 여는 거예요.

우리가 가장 좋은 공기 청정기를 잃게 된 것, 즉 창문을 열지 못하게 된 것은 인간이 만든 그 수많은 제품들 때문일지도 모르겠네요. 인간의 편리를 위해 만들어진 많은 제품들이 때로 우리를 위험하게 만들수도 있다는 사실을 잊지 않았으면 좋겠어요.

공기 청정기를 틀어서 집 안의 공기를 깨끗이 하기 전에, 어떻게 하면 우리 모두가 창문을 열고 깨끗한 공기를 마음껏 마실 수 있는지를 고민할 수 있었으면 더 좋겠고요.

구겨진 옷과 마음을
쫙쫙 펴 주마
- 다리미

전류의 열작용으로
움직이는 다리미

다림질하는 것을 지켜본 적이 있나요? 다리미판에 교복 셔츠를 놓은 다음 적당히 달궈진 다리미로 문지르면 매끈하게 쫙 펴지죠. 손으로는 아무리 펴려고 잡아당겨도 그때뿐이었던 구김이, 다리미가 쓱쓱 왔다 갔다 하면 언제 구겨졌었냐는 듯 자취를 감춰요. 바지의 주름도 마찬 가지예요. 세탁하느라 사라진 바지의 주름도 어느새 칼같이 잡히지요.

  청소년 시절, 반듯하게 다림질되는 교복을 보면 언제나 기분이 좋 아지곤 했어요. 숙제, 시험 공부, 친구 문제 등으로 복잡하게 뒤엉킨 내 머릿속도 쫙 펴지는 것 같았거든요. 앗, 그렇지만 조심해야 해요. 옷감 위에 다리미를 올려 두고 다른 생각에 빠졌다가는 태울 수도 있 으니까요.

10장 구겨진 옷과 마음을 쫙쫙 펴 주마 – 다리미

거퍼에서 의류 관리기까지

인류가 격식을 갖춘 옷을 입기 시작하면서부터 다리미의 역사는 시작되었어요. 격식을 갖춘 의복이 쭈글쭈글하게 구겨지고 주름져서는 안 되었으니까요. 가장 오래된 다리미 중 하나는 그리스인들이 사용했던 '거퍼(goffer)'예요. 이것은 불로 달군 둥근 막대기인데, 옷감인 리넨(linen)*에 주름을 잡기 위해 사용되었어요.

이후 14세기경, 유럽에서 인두*가 등장했어요. 불에 적당히 달구어 옷감에 대면 주름이 펴졌어요. 화로에 인두 몇 개를 넣어 돌아가며 다림질하는 방식이었죠. 얼마 뒤에는 '상자 다리미'라는 것이 등장했어요. 이것은 빈 금속 상자 안에 석탄을 채워 사용하는 다리미였어요.

동양에서도 이와 비슷한 방식으로 다림질을 했어요. 고대 중국인들은 납작한 접시에 뜨거운 숯을 올려놓은 형태의 다리미를 사용하기도 했어요. 이런 방식은 19세기까지 계속되었어요. 우리나라에서는 신라 고분이나, 백제 고분에서 다리미 유물을 발견할 수 있어요. 또 19세기의 학자, 이규경이 쓴 《오주연문장전산고》에는 다리미에 관한 구체적인 기록이 있지요. 이로 미루어 보아, 우리나라에서는 17, 18세기경에도 다리미가 대중적으로 사용되었음을 짐작할 수 있어요.

18세기까지 다리미는 석탄이나 숯을 이용해 다림질에 필요한 열을 얻었어요. 그러다가 19세기 후반으로 접어들면서 등유나 동물 기름으로 가열하는 다리미로 발전하게 되었지요. 하지만

*리넨 아마(亞麻)의 실로 짠 얇은 직물을 통틀어 이르는 말.
*인두 바느질할 때 불에 달구어 천의 구김살을 눌러 펴거나 솔기를 꺾어 누르는 데 쓰는 기구. 쇠로 만들며 바닥이 반반하고 긴 손잡이가 달려 있다.

뜨거운 석탄 난로나, 숯 혹은 각종 기름으로 달구는 방식의 다림질은 꽤나 번거롭고 때로 위험하기도 했죠. 다림질하다 석탄이 옷감에 떨어질 수도 있고, 혼자서 하기도 어려웠으며, 또 많은 옷감을 다리려면 시간이 무척 오래 걸렸으니까요. 이런 다리미의 불편함은 전기가 발명되면서 새로운 전환점을 맞게 되었어요.

1882년, 최초로 전기다리미를 개발한 사람은 헨리 실리라는 미국의 발명가예요. 실리가 발명한 전기다리미는 '저항 가열 방식 다리미'라고 할 수 있어요. 이것은 전기 저항이 발생하는 물체에 전류를 흘려 열을 발생시키는 거예요. 또 실리의 다리미는 손잡이가 위쪽에 달려 있어서 다리미를 더 자유롭게 움직일 수 있었어요. 이 방식은 알루미늄이나 스테인리스로 만들어진 지금의 다리미에도 사용되고 있어요.

하지만 전기다리미도 문제가 있기는 했어요. 열판의 온도를 조절하는 것이 어려웠거든요. 또 뜨거운 열판을 잘못 다루다가 화상을 입는 경우도 많았어요. 이런 문제점을 실리와 그의 동료 리처드 다이어가 꾸준히 해결해 나가면서 본격적인 전기다리미의 시대가 열렸어요. 지금은 전기다리미뿐만 아니라, 스팀 다리미 또는 의류 관리기 등 다림질 기능을 할 수 있는 다양한 기계들이 속속 등장했지요.

열과 압력

다리미는 옷의 구김이나 주름을 펴기 위해 사용하는 장치예요. 손으로는 결코 펴지지 않던 옷의 구김이나 주름이 다림질 한 번으로 쫙 펴지는 비결은 뭘까요? 이를 위해서는 일정한 열과 압력이 있어야 해요. 다리미에서 열과 압력이 중요한 이유는 또 있어요. 옷감 안의 벼룩이나 기생충, 박테리아, 곰팡이 같은 것들 역시 제거해 주기 때문이에요.

'다리미는 어떻게 열과 압력을 만들어 낼까?'라는 질문으로 다리미의 작동 원리를 살펴볼 수 있어요. 그런데 사실 압력은 다리미 자체가 만든다기보다 사용하는 사람이 만드는 거예요. 사람이 옷감 위에 다리미를 꾹 눌러서 압력을 만들어 내니까요. 물론 다리미 자체가 무거워서 압력을 만드는 데 도움을 주기는 하지요.

다리미 작동 원리의 진짜 핵심은 열에 있어요. 그래서 열을 어떻게 만드는지에 따라 다리미의 종류를 구분하죠.

숯을 이용해 열을 만들면 숯불다리미, 가스를 이용해 열을 만들면 가스다리미, 전기를 이용해 열을 만들면 전기다리미라고 해요. 여기서는 가장 널리 사용되고 있는 전기다리미의 원리에 대해 조금 더 깊이 알아봐요.

전류의 열작용

전기다리미의 작동 원리를 알기 위해서는 먼저 '전류의 열작용'을 알고 있어야 해요. 전기다리미는 공학적으로 말하면 전기 에너지를 열에너지로 바꿔 주는 장치예요. 그렇다면 전기다리미는 어떻게 전기 에너지를 열에너지로 바꿔 주는 걸까요? 바로 '전류의 열작용' 때문이에요.

모든 물체는 전기를 흐르지 못하게 하려는 성질을 갖고 있어요. 그것을 전기 저항이라고 하지요. 전기 저항은 왜 발생할까요? '전류가 흐른다'는 말은 달리 말해, 자유 전자가 이동한다는 의미예요. 그런데 이때, 이동 중인 자유 전자가 물체 안의 원자와 부딪히게 돼요. 그 부딪힘이 저항으로 작용하는 거죠. 이 과정에서 열이 발생하는데, 이를 '전류의 열작용'이라고 해요.

전류도 전기 저항도 눈에 보이지 않아 어렵게 느껴지지요? 어린 시절, 미끄럼틀을 탈 때 엉덩이가 뜨거워졌던 경험을 떠올려 봐요. 미끄럼틀이 물체이고, 엉덩이가 전류(전기) 혹은 자유 전자라고 생각하면

돼요. 미끄럼틀을 타고 내려갈 때 엉덩이가 미끄럼틀 면에 닿아 열이 발생하듯이 전류가 흘러가면서 물체 내부의 원자와 부딪혀 일종의 마찰열이 발생하게 되는 거죠.

흔히, '도체'나 '부도체(절연체)'라고 말하는 물체의 성질도 '전류의 열작용'과 관련이 있어요. 도체는 전기 저항이 작아서 전류가 잘 흐르는 물체예요. 그러니 당연히 도체는 전류의 열작용이 적게 일어나죠. 대표적인 것으로는 금, 은, 구리, 철 등이 있어요. 부도체는 전기 저항이 커서 전류를 잘 흐르지 않게 하는 물체로, 전류의 열작용이 크게 일어나죠. 대표적인 것으로는 유리, 플라스틱, 종이 등이 있어요.

전기다리미

전기다리미는 크게 세 부분으로 구성되어 있어요. 몸체 부분, 발열 부분, 접속 부분이지요.

몸체 부분은 다림질을 할 수 있는 손잡이가 있는 몸통이에요.

중요한 것은 발열 부분인데, 여기에는 니크롬선이 들어 있어요. 니크롬선은 전기 저항이 큰 합금 저항선이에요. 니크롬선에 전류를 흘리게 되면 어떤 일이 벌어질까요? 방금 공부한 '전류의 열작용'에 의해 열이 발생하죠. 니크롬선은 전기 저항이 크기 때문에 비교적 단시간에 많은 열이 발생해요. 이때 발생한 열이 다리미 바닥에 전달되면서 다림질을 할 수 있을 정도로 뜨거워지는 거죠.

여기서 또 하나 의문이 생겨요. 다림질을 하기 위해서는 분명 열이 필요하지만 다리미가 계속 가열되면 어떤 일이 벌어질까요? 다림질을 하려다 옷감이 상하게 되거나 심지어 옷을 태워 버리게 될지도 모르지요. 다리미의 작동 원리 중 발열만큼 중요한 것이 '일정한 온도'예요. 일정한 온도를 유지하지 못한다면, 다림질은커녕 사람도 위험해질 테니까요. 다리미가 일정한 온도를 가능하게 하는 비밀은 접속 부분에 있어요.

접속 부분은 전기를 연결하거나 끊어 주는 곳인데, 여기에는 '바이메탈'을 이용한 '자동 온도 조절기'가 달려 있어요. 바이메탈은 가열되었을 때 부피가 커지는 정도(이것을 '열팽창'이라고 해요.)가 매우 다른 두 종류의 얇은 금속판을 포개 붙여 한 장으로 만든 막대 형태의 부품이에요. 이것은 열을 가했을 때 휘는 성질을 이용해 열을 발생시키는 기계를 온도에 따라 제어하는 역할을 하죠.

다리미의 열판이 일정 온도가 되면 바이메탈이 휘어져 전원을 끊어 가열을 멈춰요. 그리고 일정 온도 아래로 내려가면 바이메탈이 원상태로 펴져서 가열을 시작하는 거죠. 바이메탈을 이용한 자동 온도 조절기는 이 과정의 반복을 통해 다리미가 다림질에 적합한 온도를 항상 유지하도록 해 줘요. 그래서 옷감에 따라 알맞은 온도를 설정하고, 다리미를 옷감 위에 오랫동안 올려 두지만 않는다면 태울 일은 없어요.

스팀다리미

시대극 드라마를 보면 종종 다림질을 하는 장면이 나와

요. 그때 빠지지 않는 행동이 있어요. 입으로 물을 뿜는 것이죠. 옷감에 적당한 습기를 주기 위해 물을 입에 머금고 물을 뿌리는 거예요. 시간이 지나면서 입으로 물을 뿜는 대신 분무기를 사용하게 되었지요. 물을 뿌리는 이유는 다림질에 필요한 열이 비교적 고온이라 수분이 없으면 옷감이 상하기도 하고, 또 옷의 구김이나 주름을 펴는 데 적정량의 물기가 있는 것이 더 효과적이기 때문이에요.

하지만 다림질을 할 때마다 물을 뿌려야 하는 것은 꽤 번거로운 일이었어요. 이 문제를 해결한 것이 바로 스팀다리미예요. 스팀다리미는 뜨거운 증기를 만들어 옷에 분출하도록 만든 거예요. 기존의 다리미가 열과 압력만 제공했다면, 스팀다리미는 열과 압력과 적절한 수분까지 제공하는 셈이죠. 요즘 가정에서는 대부분 스팀다리미를 사용하고 있어요.

그렇다면 스팀다리미는 어떻게 증기를 만드는 걸까요? 스팀다리미의 기본 구조는 전기다리미와 거의 같아요. 차이는 몸체 부분에 물통이 달려 있다는 점이지요. 물통의 물이 아주 조금씩 고온으로 가열된 열판으로 이동하면서 순간적으로 수증기가 되어 뿜어지는 방식이에요. 뜨겁게 가열된 난로에 미세한 물 한 방울씩 떨어뜨리면 치지직 하는 소리와 함께 수증기가 만들어지지요? 스팀다리미의 스팀은 대부분 자동으로 분출되지만, 스위치를 눌러야 스팀이 분출되는 스팀다리미도 있어요.

다리미, 집 안의 세탁소

모든 공학 기술이 그렇듯, 다리미도 계속 발전하고 있어요. 다리미 기술은 현재 어디까지 와 있을까요? 지금의 다리미는 세탁 기능까지 가능해졌어요. 가정용 의류 관리기가 만들어졌거든요. 가정용 의류 관리기는 냉장고처럼 생긴 곳에 옷을 걸어 두면 주름과 구김을 펴 주는 기계예요. 집 안의 세탁소라고 할 수 있지요.

지금까지 우리는 겨울철 코트나 털옷, 점퍼같이 집에서 세탁할 수 없는 옷들은 세탁소로 가져갔어요. 하지만 의류 관리기가 있으면 집에서도 세탁소의 효과를 낼 수 있어요. 의류 관리기는 의류로 스팀을 쏘아 보내는데, 이 과정에서 이물질이 제거되면서 간이 세탁의 효과가 있어요. 뿐만 아니라, 스팀 처리를 통해 구김과 냄새가 없어지고 살균과 건조까지 되지요. 이 같은 방식으로 의류 관리기는 옷들을 깨끗하게 관리해요.

가정용 의류 관리기는 넓은 의미에서 스팀다리미라고 할 수 있어요. 말하자면 스팀다리미로 세탁 효과를 내는 셈이죠. 이렇게 다리미는 발전을 거듭하고 있어요. 호롱불 밑에서 인두로 옷감을 다리던 때에 비하면 정말 놀라운 발전이지요. 미래의 다리미 모습은 어떨까요? 공학의 발전이 가져올 미래의 삶이 정말 궁금하네요.

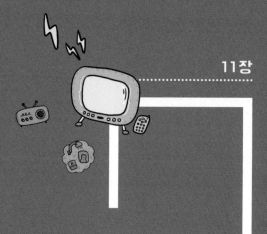

환경을 생각하는
조리 기구
- 전기레인지

가열 방식의 변화로
편리함을 만들어 낸 전기레인지

가스레인지로 국을 끓이거나 빨래를 삶다 보면 끓어 넘치는 경우가 종종 있어요. 끓어 넘친 물에 가스레인지 불이 꺼진 것도 모른 채 거실에서 텔레비전을 보다가 뒤늦게 발견하고 깜짝 놀란 적이 한두 번이 아니었죠. 그럴 때면 서둘러 창문을 열어 환기를 하곤 했어요. 더 늦게 발견했으면 어쩔 뻔 했을까 가슴을 쓸어내리면서 말이지요. 실제로 가스레인지를 잘못 사용해 가스 누출이나 폭발 사고가 일어나기도 해요.

가스레인지는 주방에서 사용하는 대표적인 기구예요. 우리는 가스레인지로 국을 끓이고 계란 프라이도 만들지요. 그런데 가스레인지는 잘못 사용하면 가스가 누출되어 폭발하거나 질식 사고가 발생할 수 있어서 늘 조심히 다루어야 해요. 특히 어린아이가 다루기에는 위험한

11장 환경을 생각하는 조리 기구 – 전기레인지

조리 기구죠. 그래서 최근에는 가스레인지보다 안전한 전기레인지를 많이 사용하고 있어요. 훨씬 편하고 안전한 조리 기구거든요.

'레인지'의 역사

전기레인지는 많은 종류의 '레인지(range)' 중 하나예요. 레인지는 조리용 가열 기구를 합해 부르는 말이에요. 즉, 음식을 끓이고 굽고 튀기는 데 사용되는 조리 기구죠. 열을 만드는 방식에 따라 가스레인지, 전자레인지, 전기레인지로 구분되어요. 아직까지 가장 많이 사용되는 레인지는 가스레인지예요.

가스를 이용한 조리 기구를 처음 만든 사람은 1802년 오스트리아의 제카우스 빈츨러예요. 빈츨러가 만든 최초의 가스레인지는 네 개의 버너와 오븐으로 되어 있었어요. 현재 사용하고 있는 가스레인지와는 많이 달랐죠.

1826년, 영국의 '노스햄튼'이라는 가스 회사에서 일하던 제임스 샤프는 자신의 직접 설계한 가스레인지로 특허 신청을 하기도 했어요. 하지만 1850년대까지 가스레인지는 널리 사용되지 못했어요. 당시에는 가스관이 집집마다 연결되어 있지 않았기 때문이었죠. 도시가스가 각 가정에 연결된 1880년대에 이르러서야 비로소 가스레인지도 널리 사용되었죠.

전자레인지는 1장에서 살펴본 것처럼 미국의 레이더 제작업체 '레이시온'사에서 일하던 퍼시 스펜서가 만들었어요.

전기레인지는 다른 레인지에 비해 늦게 사용되기 시작했어요. 하지만 발명된 시기는 꽤나 빠른 편이었지요. 1859년, 조지 B. 심슨이 최초의 전기레인지를 만들었는데, 이 전기레인지는 배터리를 전기 전원으로 하고, 백금 와이어 코일에 전기를 흘려 열을 발생시키는 전기 히터의 형태였어요.

최초의 전기레인지는 조리에만 사용된 것이 아니라 난방을 하고 온수를 만드는 데도 이용되었어요. 지금은 다양한 형태의 간편하고 안전한 조리용 전기레인지가 등장하고 있어요. 조리용 전기레인지의 작동 원리는 크게 두 가지 방식으로 구분할 수 있어요. 직접 가열 방식과 유도 가열 방식이에요.

줄의 법칙과
앙페르의 법칙

직접 가열 방식 전기레인지

　말 그대로 직접 가열하는 레인지예요. 전기레인지 상판에 있는 발열체(열을 내는 부분)의 열이 직접 그릇(냄비, 프라이팬)에 전달되어 음식을 조리하는 거죠. 가스레인지에서는 불꽃이 나와 음식을 조리한다면, 전기레인지는 발열체의 열로 음식을 조리하는 셈이죠.

　직접 가열 방식 전기레인지가 어떻게 작동하는가에 대한 핵심 질문은 "어떻게 열을 내는가?"예요. 현재, 직접 가열 방식 전기레인지 중 가장 널리 사용되고 있는 것은 '라디언트 히터(radiant heater)'형 전기레인지예요(흔히, '하이라이트' 혹은 '쿡탑'이라고 부르는데 모두 특정 회사의 제품명이에요.).

　직접 가열 방식 전기레인지의 작동 원리를 이해하기 위해서는 '줄의 법칙(Joule's law)'을 알아야 해요. 이것은 1840년 영국의 물리학자 제임스 줄이라는 과학자가 만든 법칙이에요. 저항체에 흐르는 전류의 크기와 저항체에 발생하는 열량과의 관계를 나타난 법칙이지요. 쉽게 말해 저항이 있는 물체에 전기를 통하게 하면 얼마나 뜨거워지는지를 나타낸 법칙이죠. 이때 발생된 열을 '줄의 열(Joule's heat)'이라고 해요.

직접 가열 방식 전기레인지의 발열부에는 니크롬선이 있어요. 콘센트에 코드를 꽂아 전기를 흘려 주면 니크롬선에 열이 발생하게 돼요. '줄의 법칙'에 의해 '줄의 열'이 발생하게 되는 거죠. 직접 가열 방식 전기레인지는 니크롬선을 열선으로 활용해 상판을 가열함으로써 음식을 조리하는 것이죠. 전기레인지의 열선으로 쓰이는 니크롬선은 니켈과 크로뮴이 주성분인 합금 소재로 전기 저항이 높아요. 그러다 보니 전류가 흐를 때 비교적 짧은 시간에 많은 열을 발생시킬 수 있어요. 그래서 전기레인지뿐만 아니라 전기다리미, 전기풍로 등의 발열 재료로 널리 쓰이고 있죠.

직접 가열 방식 전기레인지의 제품명이 '하이라이트'인 이유도 이제 알 것 같아요. 열선(니크롬선)에서 발생된 열이 우리 눈으로 보기에 '아주(high)' '밝기(light)' 때문이에요. 이 방식은 가스레인지처럼 폭발이나 질식 같은 치명적인 문제는 없지만 직접 가열되므로 조리가 끝나고 나서도 뜨거운 열이 얼마간 남아 있어요. 그래서 잘못 다룰 경우 화상의 위험성이 있지요.

유도 가열 방식 전기레인지

그렇다면 유도 가열 방식 전기레인지는 어떻게 작동할까요? 유도 가열 방식 전기레인지를 흔히 인덕션 전기레인지라고도 해요. 먼저 재미있는 실험을 해 볼게요. 유도 가열 방식 전기레인지와 물이 담긴 냄비, 종이 한 장을 준비해요. 이제 전기레인지와 냄비 사이에 종이를 끼우고 가열을 시작해요. 놀랍게도 물은 팔팔 끓는데도 종이는 전혀 타지 않아요. 실제로 전기레인지를 켠 상태에서 상판에 손을 올려도 전혀 뜨겁지 않지요. 이 놀라운 실험을 설명하는 것으로 유도 가열 방식 전기레인지의 작동 원리를 이해할 수 있을 거예요.

어떻게 이런 일이 일어날 수 있는 걸까요? 유도 가열 방식 전기레인지는 용기를 직접 가열하지 않기 때문이에요. 어떻게 직접 가열하지 않고 음식을 조리할 수 있는 걸까요? 그 이유를 알기 위해서는 먼저 몇 가지 과학 법칙을 알아야 해요.

1819년 프랑스의 물리학자 앙드레마리 앙페르는 둥글게 말린 코일에 일정한 방향으로 전류를 흘려 주면, 코일이 자석처럼 N극에서 S극으로 흐르는 자기장을 형성한다는 사실을 발견했어요. 이를 '앙페르의 법칙'이라고 해요. 이 법칙은 전자기학의 기초를 확립했죠. 즉, 전기(전류)로 자기(자석의 힘)를 유도할 수 있음을 밝혀낸 거예요.

이후, 1831년 영국의 물리학자 마이클 패러데이는 앙페르가 전류로 자기를 만들었다는 것에서 영감을 얻어, 거꾸로 자기장을 이용해 전류를 만드는 실험을 성공시켰죠. 이것을 '패러데이의 법칙'이라고 해요. 즉, 자기(자석의 힘)로 전류(전기)를 유도할 수 있음을 밝힌 거죠.

이제 인덕션 전기레인지의 비밀을 풀 수 있어요. 인덕션 전기레인지 유리 상판 아래에는 코일이 있어요. 코일에 전기(전류)를 흐르게 하면 열이 발생하는 것이 아니라, 자석이 밀고 당기는 것 같은 '자기장'이 발생해요. 이 자기장은 전기레인지 위에 있는 철 성분의 냄비와 반응하게 되지요. 철 성분은 자석을 끌어당기는 힘(자기력)이 있으니까요.

조금 더 정확히 말해, '패러데이의 법칙'에 의해 코일에서 발생된 자기장이 냄비의 철 성분에 의해 냄비 바닥에서 소용돌이 모양의 전류를 일으키게 되는 거예요. 자, 그러면 어떤 일이 벌어질까요?

냄비 바닥에 발생한 소용돌이 전류는 앞서 말한 '줄의 열'을 발생시켜 냄비 자체만 뜨거워지게 되는 거죠. 인덕션 전기레인지 바닥이 전혀 뜨겁지 않은 이유는 그곳에서는 자기장만 발생하기 때문이에요. 실제 음식을 조리하기 위한 열은 자기장이 철 성분의 냄비로 전달된 '전류의 열작용'에 의해 만들어진 거예요. 즉, 자기장에 의해 전기레인지의 상판 가열 없이 냄비만 뜨거워지는 '유도 가열'이 일어난 거지요. 자기장으로 전류를 유도해서 가열하는 방식이에요.

유도 가열 방식 전기레인지를 왜 인덕션 전기레인지라고 하는지 알겠네요. 인덕션은 우리말로 '유도'를 뜻해요. 유도란 물리학에서 '전기장이나 자기장 속에 있는 물체가 그 전기장이나 자기장의 영향으로 전기나 자기를 띠는 것을 말해요.

인덕션 전기레인지는 효율도 좋고 직접 가열하지 않기 때문에 화상의 위험도 없다는 장점이 있어요. 하지만 유리, 도자기, 알루미늄과 같은 그릇은 사용할 수 없어요. 자기장이 전류로 전달되려면 그릇에 철 성분이 포함되어 있어야 하기 때문이에요. 냄비나 프라이팬이 자석에 붙는 재질이 아니면 자기장이 전류를 발생시킬 수 없어요.

하이브리드 전기레인지

하이브리드 전기레인지는 두 가지 방식을 모두 쓴 거예요. 조리 가능한 곳이 세 곳이라면, 두 곳은 유도 가열 방식으로, 한 곳은 직접 가열 방식으로 설계되어 있어요. 직접 가열 방식과 유도 가열 방식의 장점을 결합해 사람들이 사용하기 편리하도록 만든 것이죠. 요즘 가장 널리 보급되고 있는 전기레인지는 대부분 하이브리드형이에요.

친환경 조리 기구

전기레인지는 분명 가스레인지보다 안전하고 편리해요. 그런데 전기레인지가 가스레인지보다 좋은 이유가 하나 더 있어요. 바로 친환경적이라는 점이지요. 가스레인지는 가스를 에너지로 사용하고 가스는 화석 연료로 만들어져요. 그래서 가스를 만드는 과정에서도, 사용하는 과정에서도 환경 오염이 일어나게 되지요. 가스레인지를 사용하면 특히 일산화탄소나 미세먼지 같은 오염 물질이 배출될 수밖에 없어요. 특히 집 안의 공기를 탁하게 만들기 때문에 조리를 하고 나서는 반드시 환기를 해 줘야 하지요.

전기레인지는 환경을 조금 덜 오염시켜요. 물론 현재 만들어지는 전기는 상당 부분 화석 연료를 사용해요. 하지만 최근 들어 태양력, 풍력, 수력 등 천연 자원을 이용해 전기를 만드는 비중이 커져 가고 있어요. 전기레인지는 이런 천연 자원을 이용해서 만들어진 전기를 사용할 수 있다는 측면에서 착한 가전제품이라고 할 수 있지요. 전기레인지는 안전하고 편리하기만 한 것이 아니라 자연을 보존하는 데도 꽤 좋은 조리 기구라는 사실을 기억했으면 좋겠어요.

공부의 즐거움을 찾아
생활 속 공학의 세계로

저는 공부가 정말 싫었어요. 책을 읽는 것도, 숙제를 해야 하는 것도 싫었지요. 제가 여러분 나이였을 때 말이에요. 하지만 저는 지금 공부하는 것이 즐거워서 그것을 직업으로 삼고 있어요. 제게 무슨 일이 일어났던 걸까요?

먼저, 학창 시절의 공부는 왜 즐겁지 않았을까요? 그것은 공부가 교과서 안에만 있는 것이라고 여겼기 때문이에요. 공부는 그저 공부일 뿐, 밥 먹고, 씻고, 자동차를 타고, 친구를 만나고, 게임을 하는 생활과 전혀 상관없다고 여겼지요. 그래서 공부가 지겹고 싫었던 거예요.

그렇다면 지금 저는 왜 공부하는 것이 즐거울까요? 그것은 공부와 생활이 따로 떨어져 있지 않다는 것을 알게 되었기 때문이에요. '국어' 공부는 교과서 안에 있는 게 아니에요. 흥미로운 소설을 읽고, 감동을 느끼고 친구들과 대화하기 위해서 배우는 거죠. '수학' 공부도 그래요. 용돈을 어떻게 써야 할지 계산하고, 게임을 할 때 상대를 이길 수 있는 확률을 계산하기 위해 배우는 거예요. 이처럼 공부와 일상생활은 아주 가까이 있어요.

공부가 생활과 얼마나 가까이 있는지 알게 되면 공부는 즐거워져요. 여러분이 이 책을 통해 그 사실을 알게 되었으면 좋겠어요. 다른 어떤 과목보다 '공학'은 생활 가까이에 있어요. 공학은 우리의 생활을 편리하게 해 주기 위해 탄생한 학문이기 때문이에요. 텔레비전을 보고, 청소기를 돌리고, 에어컨을 틀고, 정수기의 물을 먹는 우리의 평범한 생활이 모두 공학의 결과물들이에요. 저는 공학이 우리 생활에 어떻게 사용되고 있는지, 우리의 생활과 얼마나 가까이 있는지 여러분에게 알려 주고 싶었어요.

공학이 생활에 어떻게 녹아 있는지 알게 되면 뭐가 달라지냐고요? 두 가지 즐거움을 얻을 수 있어요. 첫째는 평범한 생활이 특별해 보이는 즐거움이에요. 생활 속 공학을 공부하다 보면 어느 것 하나 특별하지 않은 게 없거든요. 자주 사용하는 텔레비전, 청소기, 에어컨, 정수기가 얼마나 놀라운 물건인지 알게 되지요. 두 번째 즐거움은 공부하는 것 자체의 즐거움이에요. '아하, 이런 원리였구나.', '맞아, 이 부분이 궁금했어!' 하고 깨닫는 순간은 늘 즐겁거든요.

여러분에게 닿은 이 책이, 평범한 생활을 특별하게 해 주고, 지루한 공부를 즐겁게 만들어 주었으면 좋겠어요.

하나 더 이야기하고 싶은 게 있어요. 공부의 즐거움을 공학에서 멈추지 않았으면 해요. 국어, 수학, 영어, 과학 뭐든 좋아요. 공부가 우리 생활과 얼마나 연관되어 있는지 관심을 갖고 발견했으면 좋겠어요. 그래서 공부가 얼마나 큰 즐거움인지 알았으면 해요. 이 책의 즐거움은 공학에서 멈추지만, 여러분은 멈추지 않았으면 좋겠어요.

　꼭 학교에서 배우는 과목이 아니어도 좋아요. 세상에는 흥미로운 분야들이 너무 많으니까요. 여러분이 지식의 즐거움을 찾아 떠날 수 있었으면 정말 좋겠어요.

황진규

Ⓢ **사이언스 틴스 03**

궁금했어,
공학기술

초판 1쇄 발행 2019년 8월 1일
초판 5쇄 발행 2022년 7월 29일

글 | 황진규
그림 | 고고핑크
펴낸이 | 한순 이희섭
펴낸곳 | (주)도서출판 나무생각
편집 | 양미애 백모란
디자인 | 박민선
마케팅 | 이재석
출판등록 | 1999년 8월 19일 제1999-000112호
주소 | 서울특별시 마포구 월드컵로 70-4(서교동) 1F
전화 | 02)334-3339, 3308, 3361
팩스 | 02)334-3318
이메일 | namubook39@naver.com
홈페이지 | www.namubook.co.kr
블로그 | blog.naver.com/tree3339

ISBN 979-11-6218-070-9 73560

이 도서의 국립중앙도서관 출판예정도서목록(CIP)은 서지정보유통지원시스템 홈페이지
(http://seoji.nl.go.kr)와 국가자료종합목록 구축시스템(http://kolis-net.nl.go.kr)에서
이용하실 수 있습니다.(CIP제어번호: CIP2019027252)